彩图 2-2-1　夏至红果穗性状

彩图2-2-2　夏至红果实丰产状

彩图 2-2-3　夏黑果穗性状

彩图 2-2-4　夏黑果实丰产状

彩图2-2-5　郑州早玉果穗性状

彩图2-2-6　郑州早玉果实丰产状

彩图2-2-7　金手指果穗性状　　　　彩图2-2-8　金手指果实丰产状

彩图2-2-9　巨玫瑰果　　　　　彩图2-2-10　巨玫瑰果实丰产状
穗性状

彩图2-2-11　阳光玫瑰　　　　彩图2-2-12　阳光玫瑰果实丰产状
果穗性状

彩图2-2-13　巨峰果穗性状　　　　彩图2-2-14　巨峰果实丰产状

彩图2-2-15　水晶红果　　　　　　彩图2-2-16　水晶红果实丰产状
　　　　　　穗性状

彩图2-2-17　神州红果　　　　　　彩图2-2-18　神州红果实丰产状
　　　　　　穗性状

彩图2-2-19　红地球果
穗性状

彩图2-2-20　红地球果实丰产状

彩图6-2-1　避雨栽培深挖定植沟

彩图6-2-2　避雨栽培定植沟底部
施入有机肥

彩图6-2-3　避雨栽培定植沟
填平后浇水

彩图6-2-4　避雨栽培苗木生长情况

彩图6-2-5 避雨栽培钢架搭建及苗木行间生长情况

彩图6-2-6 避雨栽培枝条旺盛生长期

彩图6-2-7 避雨栽培未覆膜前

彩图6-2-8 避雨栽培覆膜后

彩图6-3-1 葡萄果实套袋

彩图7-1-1 葡萄霜霉病

彩图7-1-2 葡萄霜霉病

彩图7-1-3 葡萄霜霉病

彩图7-1-4 葡萄霜霉病

彩图7-1-5 葡萄霜霉病

彩图7-1-6 葡萄霜霉病

彩图7-1-7　葡萄霜霉病

彩图7-1-8　葡萄霜霉病

彩图7-1-9　葡萄霜霉病

彩图7-1-10　葡萄霜霉病

彩图7-1-11　葡萄霜霉病

彩图7-1-12　葡萄霜霉病

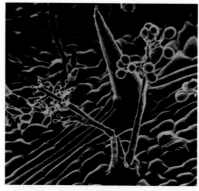

彩图7-1-13　霜霉病病菌孢子囊和
　　　　　　孢囊梗

彩图7-2-1　葡萄炭疽病

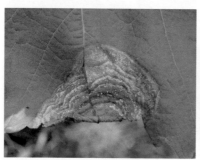

彩图7-2-2　葡萄炭疽病

彩图7-2-3　葡萄炭疽病

彩图7-2-4　葡萄炭疽病

彩图7-2-5　葡萄炭疽病

彩图7-2-6　葡萄炭疽病

彩图7-2-7　葡萄炭疽病

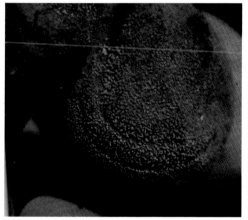

彩图7-2-8　葡萄炭疽病

彩图7-2-9　葡萄炭疽病

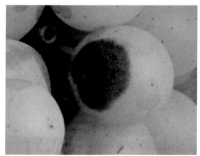

彩图7-2-10　葡萄炭疽病

彩图7-3-1　葡萄白腐病病果

彩图7-3-2　葡萄白腐病病果　　　　　　彩图7-3-3　葡萄白腐病病果

彩图7-3-4　葡萄白腐病病果　　　　　彩图7-3-5　葡萄白腐病病穗

彩图7-3-6　葡萄枝条白腐病　　　　彩图7-3-7　葡萄白腐病病叶

彩图7-4-1 葡萄黑痘病病茎　　　彩图7-4-2 葡萄黑痘病病叶

彩图7-4-3 葡萄黑痘病　　　彩图7-4-4 葡萄黑痘病

彩图7-5-1 葡萄灰霉病侵染花序　　　彩图7-5-2 葡萄花序灰霉病

彩图7-5-3　葡萄果梗灰霉病

彩图7-5-4　葡萄果实灰霉病

彩图7-6-1　葡萄白粉病叶

彩图7-6-2　葡萄白粉病叶

彩图7-6-3　葡萄白粉病叶

彩图7-6-4　葡萄果实白粉病

彩图8-1-1 葡萄根癌病

彩图8-1-2 葡萄根癌病

彩图8-1-3 葡萄根癌病（树体死亡）

彩图8-1-4 葡萄根癌病（癌肿膨大）

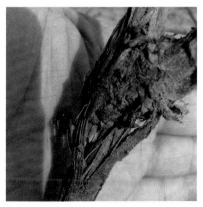

彩图8-1-5 葡萄根癌病

彩图8-1-6 葡萄根癌病

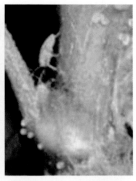

彩图9-1-1 葡萄绿盲蝽为害状　　　　彩图9-1-2 葡萄绿盲
　　　　　　　　　　　　　　　　　　　　　　蝽若虫

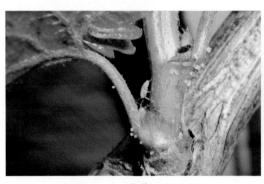

彩图9-1-3 葡萄绿盲蝽若虫　　　　彩图9-2-1 葡萄透翅蛾
　　　　　　　　　　　　　　　　　　　　　　为害状

彩图9-2-2 葡萄透翅蛾幼虫　　　　彩图9-3-1 葡萄果实上的
　　　　　　　　　　　　　　　　　　　　　　东方盔蚧

彩图9-3-2 葡萄老蔓上的东方盔蚧　　彩图9-3-3 粉蚧污染造成的葡萄霉
　　　　　　　　　　　　　　　　　　　　　　　污病

彩图9-3-4 粉蚧污染造成的　　　　彩图9-3-5 粉蚧成虫
　　　　　葡萄霉污病

彩图9-4-1 葡萄斑叶蝉若虫　　　　彩图9-4-2 葡萄二黄斑叶蝉

彩图9-5-1 葡萄虎天牛幼虫为害
葡萄枝干

彩图9-5-2 葡萄虎天牛成虫

彩图9-6-1 蓟马为害葡萄果实状

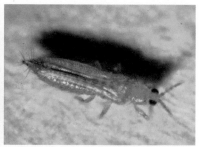

彩图9-6-2 葡萄蓟马（幼虫）

彩图10-1-1 葡萄酸腐病尿袋症状

彩图10-1-2 葡萄酸腐病
果粒腐烂

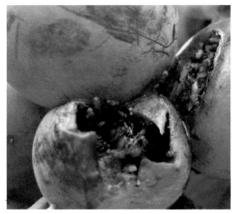

彩图10-1-3　葡萄鸟害导致的酸腐病　　　　彩图10-1-4　葡萄酸腐病

彩图11-1-1　葡萄缺磷症状　　　　彩图11-1-2　葡萄缺钾症状

彩图11-1-3　葡萄缺硼症状　　　　彩图11-1-4　葡萄缺锌症状（果实）

彩图11-1-5　葡萄缺锌症状（叶片）

彩图11-1-6　葡萄缺铁症状

彩图11-2-1　葡萄气灼病

彩图11-2-2　葡萄气灼病

彩图11-2-3　葡萄气灼病

彩图11-3-1　水分管理不当造成葡萄裂果

彩图11-4-1　授粉不良造成的果实
　　　　　　大小粒（巨峰）

彩图11-5-1　2,4-D类除草剂对
　　　　　　葡萄的危害

彩图11-5-2　2,4-D类除草剂对
　　　　　　葡萄的危害

彩图11-5-3　草甘膦对葡萄的危害

彩图11-5-4　除草剂对葡萄的危害

彩图11-5-5　百草枯对葡萄的伤害

彩图11-5-6　敌草隆对葡萄的伤害

彩图11-5-7　乙烯利伤害（叶片）

彩图11-5-8　石硫合剂伤害（新梢）

彩图11-5-9　农药使用不当对
葡萄的伤害

彩图11-5-10　果实套袋前处理药剂使
用不当对葡萄的伤害

彩图11-5-11　农药混用不当对葡萄
的伤害（果实）

水果优质高产高效生产实用技术丛书

葡萄高效栽培与病虫害识别图谱

中国农业科学院郑州果树研究所　组织编写

刘三军　宋银花　编著

中国农业科学技术出版社

图书在版编目（CIP）数据

葡萄高效栽培与病虫害识别图谱／刘三军，宋银花编著．—北京：中国农业科学技术出版社，2018.1

ISBN 978-7-5116-3249-4

Ⅰ.①葡…　Ⅱ.①刘…　②宋…　Ⅲ.①葡萄栽培②葡萄-病虫害防治

Ⅳ.①S663.1②S436.631

中国版本图书馆 CIP 数据核字（2017）第 225477 号

责任编辑	崔改泵
责任校对	马广洋

出 版 者	中国农业科学技术出版社
	北京市中关村南大街 12 号　邮编：100081
电　话	（010）82109194（编辑室）　　（010）82109702（发行部）
	（010）82109709（读者服务部）
传　真	（010）82106624
网　址	http://www.castp.cn
经 销 者	各地新华书店
印 刷 者	北京富泰印刷有限责任公司
开　本	850mm×1 168mm　1/32
印　张	9　彩页　20 面
字　数	243 千字
版　次	2018 年 1 月第 1 版　2019 年 1 月第 2 次印刷
定　价	35.00 元

《葡萄高效栽培与病虫害识别图谱》

编 著 名 单

主编著　刘三军　宋银花

编著者　章　鹏　贺亮亮　何秀梅　曹　阳

　　　　　王凤寅　段罗顺　李　灿　乔宝营

　　　　　孙传珍　谢一鸣　刘利民

内容简介

    本书以鲜食葡萄丰产高效栽培技术、病虫害识别及防治为核心，系统介绍了葡萄生产的优势和生产中应注意的问题以及关键性栽培技术措施。内容上从品种到生产的区域化，从苗木繁育到果园的建立，从葡萄栽培的架式设置到葡萄园的综合栽培管理技术，以彩图和文字介绍的形式，系统地介绍了葡萄病虫害的种类、病虫害识别及综合防治技术。内容力求简明、实用，介绍的技术措施有明显的先进性和可操作性。本书可供葡萄种植专业户、农业园区技术人员、大中专院校师生及科研人员等参考。

前　言

　　葡萄食用方便，风味独特，长期以来是人们喜爱的水果珍品。葡萄栽培生产在果树生产中占据较为重要的地位。葡萄及其加工制品是国际贸易的大宗产品。

　　葡萄栽培在我国具有悠久的历史，截至 2015 年，我国葡萄栽培面积达到 79.92 万公顷，产量达到 1 366.90万吨，葡萄生产取得了举世瞩目的成就。近年来，随着对葡萄营养价值和医疗保健功能的深化研究，葡萄的消费量与日俱增。同时由于葡萄适应性强、经济效益高，在农业产业结构调整中具有极其重要的作用。我国大部分地区，栽培葡萄具有得天独厚的条件，因此，无论从产业结构的调整和葡萄栽培品种结构的调整上，葡萄生产都将占据较大的比重。在这种新的形势下，广大葡萄栽培者普遍亟须了解葡萄的新品种、新栽培技术、新信息。

　　2010 年以来，随着科学技术的发展和市场流通形势的改变，国内外葡萄生产发生巨大的变化，许多新品种、新技术在葡萄的栽培生产中得到了广泛的应用。积极地推广应用这些新品种、新技术将对我国葡萄生产的发展以及提高我国葡萄的生产水平起到重要作用。同时，随着气候变化的影响，长期困扰葡萄生产的病虫害仍然比较严重，与此同时，一些次要病害上升为主要病害，新的病害、虫害种类层出不穷，许多葡萄生产者束手无策。本书重点就葡萄病虫害种类的识别、防治技术和方法进行了详尽的阐述。为了适应我国葡萄生产发展新形势的要求，结合我国葡萄的生产实际和我们的工作实践，编写了这本专门论述葡萄高效栽培及病虫害识别、综合防治技术图书，以供广大葡萄栽培者及有关人员作为参考。

当前国内外葡萄的育种、栽培技术、病虫害综合防治技术发展速度极快，新品种、新技术不断涌现，由于我们水平的限制，书中难免会有一些不足之处，恳请广大读者和专家批评指正。我们希望该书的出版，能对我国葡萄的生产和葡萄病虫害的综合防治起到应有的促进作用。

编著者
2017 年 5 月

目　　录

上篇　葡萄高效栽培技术

上篇
葡萄高效栽培技术

第一章 概 述

第一节 葡萄生产意义及特点

一、葡萄的用途和营养保健功能

葡萄的用途很广，除主要用于酿造不同类型的葡萄酒外，还大量用于鲜食，加工成葡萄干、葡萄汁、葡萄罐头等。

葡萄是人们最喜欢食用的水果之一，不仅风味优美，而且最为重要的是它的营养价值较高。据测定，成熟的葡萄果实中，一般含有 15%～25% 的葡萄糖和果糖，0.1%～1.5% 的苹果酸、酒石酸以及少量的柠檬酸、琥珀酸、没食子酸、草酸、水杨酸等，0.15%～0.9% 的蛋白质和丰富的钾、钙、钠、磷、锰等无机盐类。据营养学家测定，每天食用 100 克葡萄鲜果，可以满足人体一昼夜需要钙量的 4%、镁的 1.6%、磷量的 0.12%、铁量的 16.4%、铜量的 2.7%、锰量的 16.6%。葡萄还富含维生素类物质，如维生素 A、维生素 B（维生素 B_1、B_2、B_6、B_{12} 等）、维生素 C、维生素 P、维生素 PP（烟酸）、肌醇。葡萄中还含有十几种氨基酸。1 升鲜葡萄汁液相当于 1.7 升牛奶或 650 克牛肉、1 千克鱼、300 克奶酪、500 克面包、3～5 个鸡蛋、1.2 千克马铃薯、3.5 千克番茄、1.5 千克苹果或梨、桃产生的热量。葡萄干中含有 65%～77% 的葡萄糖和果糖，每 1 千克葡萄干产生的热量达到 13 598～14 225.6 焦耳。

用葡萄制作的其他食品，如葡萄酒、葡萄罐头、葡萄汁、葡萄果脯和果酱等，除了含有糖或酒精外，也同样含有多种维生素、无机盐和多种有机物质。

如上述所言，葡萄及其产品含有多种维生素，特别是 B 族维生素、维生素 PP 和肌醇。多吃葡萄、喝葡萄汁和饮用适量的葡萄酒，有益于防止贫血、肝炎、降低血脂和软化血管。

葡萄所含的糖分中，大多数是葡萄糖和果糖，可以被人体直接吸收利用，因此，葡萄及其产品对预防糖尿病有重要的意义。

生物学家证明，葡萄及其产品均具有抗病毒活性的能力，红葡萄的抗病毒能力强，鲜葡萄和葡萄汁又比葡萄酒的能力强。

英国医药委员会的研究人员在分析了包括美国在内的 18 个国家人口死亡与饮食的关系后发现，葡萄及其产品的消费量与因心脏病死亡之间有"非常密切的关系，食用葡萄和葡萄产品越多，死亡率就越低"。最近的研究证明，葡萄中含有类黄酮化合物，其中的槲皮酮，能够降低血小板的黏度，可以预防心脑血管疾病的发生，起到保护心脏的作用。葡萄干对幼儿麻疹有较好的疗效。

二、结果早，经济效益高

葡萄是结果最快的果树种类，在良好的栽培条件下，一年栽植，二年结果，三年达到丰产，甚至在栽植的第二年，每亩（1亩≈667 平方米，下同）地的产量就可以达到 500 千克。葡萄由于主、副梢花芽形成容易，不但结果早，而且可以达到连年丰产、稳产。葡萄的栽培投资少，见效快，经济效益极高。

三、适应性

葡萄的抗旱性、抗盐碱性比苹果、桃等果树强，对土壤要求不严格，不适宜种植农作物的河滩、沙荒地、戈壁、丘陵沟坡地均可以种植葡萄。葡萄又适合于房前屋后栽植和盆栽，是发展庭院经济和美化环境的重要果树。

第二节　我国葡萄生产现状和发展趋势

一、葡萄生产情况

据农业部统计资料显示，截至 2015 年年底，我国葡萄栽培总面积为 79.92 万公顷，占世界葡萄栽培总面积的 11.16%，位居世界第三位；产量达 1 366.90 万吨，占世界葡萄总产量的 14.96%。自 2010 年后一直居世界葡萄产量的第一位。

我国果树生产中，葡萄栽培总面积仅次于柑橘、苹果、梨和桃，占全国果树栽培总面积（1 237.14 万公顷）的 6.46%，居于第五位。从总产量上看，仅次于苹果、柑橘、梨、桃和香蕉，葡萄总产量占全国果品总产量（15 771.26 万吨）的 8.66%，居于全国水果产量第六位。

我国葡萄栽培面积、总产量和单产总体呈稳定上升趋势。葡萄种植面积由 1980 年的 3.16 万公顷增长为 2015 年的 79.92 万公顷，年平均增长率为 9.91%，葡萄生产产量由 1980 年的 11 万吨增长为 2015 年的 1 366.90 万吨，总产量的增长幅度大于面积的增长幅度，年平均增长率为 15.15%。尤其是 2000 年以来，总产量由 328.2 万吨增长到 2013 年的 1 155.0 万吨，年平均增长率为 10.16%。

二、区域布局

从我国葡萄种植的布局来看，我国葡萄的主要种植区集中在新疆维吾尔自治区（以下简称新疆）、河北、陕西、山东和辽宁等省区。新疆一直是我国葡萄种植大省（区），种植面积居全国首位，2013 年葡萄种植面积占全国葡萄面积的 20.3%，产量持续增长。山东、河北等环渤海地区葡萄生产产量仅次于新疆，都是我国葡萄生产大省，2013 年山东、河北两地葡萄种植面积分别占全国葡萄面积的 5.58% 和 11.4%，此时全国葡萄种植依然集中在新疆、河北和山东三省，但种植面积和生产产量所占比重逐渐降低。重庆、陕西等中部地区以及湖南、浙江、广西等南方省份葡萄种植面积增长迅速。四川、云南等省葡萄产量与面积持续增长，2012年云南省葡萄种植面积有大幅度增长，居全国第9位，2013年继续保持，由此可以看出我国葡萄生产规模有明显地西迁、南移的发展趋势。

鲜食葡萄栽培面积较多的省区主要有新疆、辽宁、陕西、山东、河南、广西壮族自治区（以下称广西）、云南、湖南、湖北，上述9个省区鲜食葡萄栽培总面积占全国鲜食葡萄栽培总面积的近70%，反映出近年来鲜食葡萄栽培区域正逐渐向华中（湖南、湖北）和西南各省区（如云南、广西、四川）扩展。

三、品种结构

我国葡萄栽培主要以鲜食为主，其中鲜食葡萄栽培面积约占80%，酿酒葡萄约占15%，制干葡萄约占5%。从鲜食葡萄品种构成上看，巨峰、京亚、藤稔和夏黑等欧美杂种品种为我国东部地区的主栽鲜食葡萄品种。其中，巨峰仍然是鲜食品种中栽培面积最大的品种，我国育成的欧美杂种品种京亚和户太8号也有较大的栽培面积。近年来，夏黑、金手指和阳光玫瑰种植面积有逐年增加的趋势；欧亚种品种以红地球、无核白、玫瑰香、维多利亚、无核白鸡心、美人指等面积较大，主要分布于云南、陕西、甘肃、新疆、湖南和宁夏回族自治区（以下简称宁夏）等省区，单品种栽培面积均在4万亩以上，其中红地球占20%以上。

四、发展趋势

（一）栽培面积与区域布局

据农业部统计资料显示，自2001年以来，我国葡萄栽培总面积和总产量总体呈稳定上升趋势，产业布局逐步趋于集中。

非适宜区和适宜区内的非适宜品种以及管理技术落后、经济效益低下地区的栽培面积大幅减少，而优势生态区及我国南方经济效益较高地区的栽培面积稳定增加。其中环渤海湾产区、新疆产区和西北及黄土高原产区等三大产区栽培面积占全国栽培总面积的60%以上。

经过几十年发展，我国葡萄生产逐渐向资源禀赋优、产业基础好、出口潜力大和比较效益高的区域集中，区域优势进一步显现。目前基本形成西北干旱产区、黄土高原干旱半干旱产区、环渤海湾产区、黄河中下游产区、以长江三角洲为核心的南方产区和西南产区及以吉林长白山为核心的山葡萄产区等相对集中的栽培区域。

自2001年以来，我国葡萄栽培总面积和总产量总体呈稳定上升趋势，产业布局逐步趋于集中，但2013年和2014年由于酿酒葡萄收购价格偏低导致2014年部分酿酒葡萄产区出现毁园现象。

2015年全国葡萄栽培面积略有增加，但酿酒葡萄栽培面积将有所减少，产量将继续稳步增加，产业布局更加趋于集中，其中环渤海湾产区、新疆产区和西北及黄土高原产区等优势产区面积仍占绝对优势，而经济效益好的以江浙为核心的南方产区和西南产区面积继续较快增加。

（二）栽培模式

栽培模式多样化是我国目前葡萄产业的重要特点。栽培方式已从传统的露地栽培模式发展到现代高效农业栽培模式，如设施栽培、有机栽培、休闲观光高效栽培等多种模式。葡萄设施栽培的发展，不仅扩大了栽培区域，延长了果品上市供应期，而且显著提高了葡萄产业的经济效益和社会效益。截至2013年年底我国设施葡萄面积已经达200余万亩，占我国葡萄栽培总面积的20%左右，涉及促早栽培、延迟栽培和避雨栽培等多种模式。其中避雨栽培面积最大，主要集中在以长江三角洲为核心的南方葡萄产区，面积达150万亩左右；促早栽培面积其次，超过50万亩，主要集中分布在环渤海湾葡萄产区及东北地区，近几年西北及新疆促早栽培面积增加较快；延迟栽培发展迅速，面积已达3万亩左右，主要集中分布在西北干旱产区的甘肃等地。

2015年葡萄栽培模式多样化更加突出，受经济效益驱动，设施栽培、有机栽培、休闲观光高效栽培和机械化生产等模式栽培面积将快速增加。

（三）品种结构

鲜食葡萄中，巨峰、红地球、玫瑰香、藤稔、夏黑无核、无核白鸡心和无核白等优良品种栽培面积已经占到葡萄栽培总面积的70%以上，而且巨玫瑰、早黑宝、醉金香、火焰无核、阳光玫瑰、克瑞森无核等品种以及刺葡萄优良单系也发展很快。今后，我国葡萄品种结构将进一步优化，品种多样性将继续加强。鲜食品种中巨峰系优良品种（如夏黑无核和阳光玫瑰等）、红地球、火焰无核和克瑞森无核等品种面积和所占比重进一步增加。

第二章　葡萄品种

第一节　葡萄品种分类

一、种类亲缘关系分类

（一）纯种性品种

（1）欧洲葡萄。如玫瑰香、无核白等。

（2）美洲葡萄。如康可等。

（3）圆叶葡萄。如凯旋等。

（4）河岸葡萄。如光荣等。

（5）沙地葡萄。如裘洛。

（6）冬葡萄。如种质资源圃引进的北美种群的一些品种。

（7）山葡萄。如双庆、双优等。

（8）刺葡萄。如塘尾葡萄等。

（二）杂种性品种

（1）欧美杂交品种。系欧洲葡萄与美洲种杂交、回交或多亲本杂交育成的品种，如巨峰、金星无核等。

（2）山欧杂交种。为欧洲葡萄与山葡萄之间杂交育成的葡萄品种，如北醇、公酿 1 号、公酿 2 号等。

（3）美系杂交品种。如黑虎香、卡托巴等栽培品种，著名的砧木品种贝达（美洲葡萄与河岸葡萄的杂交种）、SO_4、3309C 等。

二、成熟期分类

成熟期的分类：主要根据葡萄从萌芽开始到果实充分成熟的天数和所需要的积温量进行分类，这样可以把葡萄品种分为极早熟、早熟、中熟、晚熟和极晚熟5类。

（1）极早熟品种。葡萄萌芽到果实充分成熟的天数为100～115天，有效活动积温（≥10℃）为2 000～2 400℃·日。如夏至红、维多利亚等。

（2）早熟品种。葡萄萌芽到果实充分成熟的天数为115～130天，有效活动积温（≥10℃）为2 400～2 800℃·日。如绯红、弗雷无核等。

（3）中熟品种。葡萄萌芽到果实充分成熟的天数为130～145天，有效活动积温（≥10℃）为2 800～3 200℃·日。如巨峰、阳光玫瑰等。

（4）晚熟品种。葡萄萌芽到果实充分成熟的天数为145～160天，有效活动积温（≥10℃）为3 200～3 500℃·日。如红地球、圣诞玫瑰等。

（5）极晚熟品种。葡萄萌芽到果实充分成熟的天数为160天以上，有效活动积温（≥10℃）为3 500℃·日以上。如东方之星、魏可等。

葡萄品种的成熟期分类，是生产上葡萄品种分类的主要方法，对葡萄的栽培和生产具有重要的意义。但各地因为气候条件的差异，葡萄的成熟期有所不同，生产上可以根据当地的栽培经验进行成熟期的分类。

另外，葡萄品种的分类还可以按照葡萄果实的用途、形态、果实风味、倍性以及葡萄的生态地理起源和分布进行分类，在此不一一阐述。

第二节　葡萄新优品种及品种特性

一、早熟品种

(一) 夏至红

欧亚种,由中国农业科学院郑州果树研究所育成,亲本为绯红×玫瑰香。目前在我国河南、河北、山东、安徽等地栽培。

该品种果穗圆锥形,无副穗,果穗大,穗长 15~25 厘米,宽 10~13 厘米,平均单穗质量 750 克,最大超过 1 300 克,果穗上果粒着生紧密,果穗大小整齐。果粒圆形,紫红色,着色一致,成熟一致。果粒大,纵径 1.5~2.3 厘米,横径 1.3~1.5 厘米,平均单粒质量 8.5 克,最大可达 15 克,果粒整齐,皮中等厚,果粉多,肉脆,硬度中,无肉囊,果汁绿色,汁液中等,果实充分成熟时为紫红色到紫黑色,果肉绿色,果皮无涩味,果梗短,抗拉力强,不脱粒,不裂果。风味清甜可口,具轻微玫瑰香味,品质极上。

夏至红具有早果丰产特性,植株生长发育快,枝条成熟早。可以达到早期丰产的目的,2 年生的夏至红,每亩产量超过 1 200 千克,3 年生每亩产量为 1 750~2 000 千克(彩图 2-2-1、彩图 2-2-2)。

夏至红在沙壤土、黏土、黄河冲积土均表现结果良好,对葡萄霜霉病、葡萄炭疽病、葡萄黑痘病均有良好抗性。成熟期遇雨没有裂果现象。保护地栽培中,生长势中庸偏强,连续丰产性能优良。具有良好栽培适应性和抗病性。架式选择为篱架、棚架、高宽垂架等均可。

(二) 夏黑

别名:黑夏、夏黑无核。

欧美杂种。原产地日本。日本山梨县果树试验场 1968 年杂交育成。亲本为巨峰×无核白。1997 年 8 月进行品种登录。1998 年南京农业大学园艺学院从日本引入我国。

果穗圆锥形间或有双歧肩，大，穗长16～23厘米，平均穗重415克。果穗大小整齐。果粒着生紧密或极紧密。果粒近圆形，紫黑色或蓝黑色，平均粒重3～3.5克。果粉厚。果皮厚而脆，无涩味。果肉硬脆，无肉囊。果汁紫红色。味浓甜，有浓草莓香味。无种子。可溶性固形物含量为20%～22%。鲜食品质上等。

此品种为早熟鲜食无核品种。甜而爽口，有浓郁草莓香味。是一个集早熟、大粒、易着色、优质、抗病、耐运输于一体的优良鲜食品种。在早熟品种中综合性状十分优异。在江苏省张家港，浆果成熟后可在树上留置到10月。经赤霉素处理，平均穗重达608克，最大穗重940克，果粒可增大一倍以上。适合全国各葡萄产区种植（彩图2-2-3、彩图2-2-4）。

（三）郑州早玉

郑州早玉，欧亚种，中国农业科学院郑州果树研究所育成，亲本为葡萄园皇后×意大利（彩图2-2-5、彩图2-2-6）。

果穗圆锥形，无副穗，果穗大，穗长15～20厘米，宽10～13厘米，平均单穗重500～650克，最大可达1000克以上，果穗上果粒着生中等紧密，果穗大小整齐。果粒椭圆形，黄绿色，着色一致，成熟一致。果粒大，平均单粒重8～10克，最大可达15克，果粒整齐，皮薄，果粉少，肉脆，无肉囊，果汁绿色，汁液中，硬度中，平均每果粒中种子数1～4粒，果实充分成熟时为黄绿色，果肉绿色，果皮无涩味，果梗较短，抗拉力强，不脱粒。风味清甜可口，略有玫瑰香味，品质极上。

该品种抗病性中等，对葡萄黑痘病、葡萄霜霉病等抗病力中等。果实成熟期遇雨易产生裂果现象，在生产上要注意防止。

栽培要点：①选择土壤肥力较好，排水条件良好的地方建园。②栽培株行距为：篱架，2米×1米；小棚架，4米×1米；高宽垂架式，3米×1.5米。③该品种的抗病力中等，要注意防止后期的霜霉病为害。④该品种进入盛果期后，要注意配方施肥，施肥的具体比例为：前期 N∶P∶K＝1.2∶1∶1；后期 N∶P∶K＝1∶1∶1.5；以利于果实品质的提高。⑤该品种的冬芽易萌发，要注意夏季的修剪方式。⑥保护地栽培时注意低温休眠和发芽问题。

该品种适应范围较广，我国黄河故道地区，北方地区及西北地区均可进行栽培。特别适合于保护地栽培。

（四）红芭拉蒂

别名红巴拉多。欧亚种。原产地日本。2005 年进行品种登记。是一个优良的极早熟红色葡萄品种。

果穗圆锥形，果粒着生中等紧密，大小整齐，穗重 500～600 克，大穗可达 1 500 克，果粒椭圆形，平均粒重 8～12 克。鲜红或花红色，果粉薄，皮薄，肉脆，味甜，糖度在 18～21 度。

红巴拉多长势强，花芽分化好，抗病性较强，充分成熟后在树上留果时间长，疏果整穗简单，省力，南北方都可以种植，南方要采用大棚避雨栽培较好。冬季修剪留中、长梢壮枝为好。

（五）维多利亚

维多利亚（Victoria）属欧亚种。原产地罗马尼亚。由罗马尼亚德哥沙尼葡萄试验站 Dr. Victoria Lepadatu 和 Dr. Gh. condei 共同育成。亲本为绯红×保尔加尔。1978 年进行品种登记，1996 年由布加勒斯特农业大学引入河北省农林科学院昌黎果树研究所。

果穗圆锥形或圆柱形，平均穗重 630 克，最大 1 820 克，果粒着生中等紧密，果粒大，长椭圆形，平均粒重 10 克（横径 2.31 厘米，纵径 3.21 厘米），最大 17.2 克。果皮黄绿色，中等厚，果肉硬，味甘甜，品质极上。

该品种植株前期生长较缓，中后期长势中等。结果枝率极高，结实力强。副梢结实力较强，果实成熟后，不落粒，挂果期长。栽后第二年亩产达 1430 千克左右；第三年达 1 800～2 000 千克。

该品种抗逆性强，几乎不发生黑痘病、炭疽病，少量发生灰霉病、霜霉病，白腐病发生极轻，耐旱、耐涝性强。

（六）黑色甜菜

欧美杂交种。黑色甜菜葡萄原名布拉酷彼特，系日本雄本县宇城市不知火町的河野隆夫用藤稔和先锋杂交育成，属四倍体。

果穗圆锥形或圆柱形，较紧密，个别果穗有副穗，疏果后穗重600～800克，与藤稔相当。果粒短椭圆形，平均粒重15克，大小较一致，略小于藤稔。果实先着色后成熟，成熟后呈深紫黑色至黑色。果粉厚，外观秀丽，果皮厚、韧，易剥离。果肉硬，口感脆爽没有异味，含糖量18%～21%，品质风味优于藤稔。

该葡萄品种生根能力差，需嫁接栽培。抗病性与藤稔相当，全国能栽培葡萄的地方均可栽培。

（七）弗雷无核

别名：火焰无核、红光无核、费蕾无核、红珍珠等。欧亚种。原产美国。由美国 Fresno 园艺实验站培育成功。我国 1983 年由中国农业科学院郑州果树研究所引进，目前，在我国河北、河南、山西、辽宁等地栽培。

该品种穗形大，果穗圆锥形，平均单穗重580～890克，最大穗重可以达到1 500克以上。果实鲜红色，圆形。平均单粒重4克，最大粒重达到6克。果肉硬，脆，皮薄，味甜，不裂果。可溶性固形物含量达到17.0%，品质优良。

该品种生长势较旺，生产上宜采用棚架或"高、宽、垂"架式栽培。果实宜采用赤霉素处理，可以膨大到7克以上，以增加果实的商品性。适合于保护地栽培。

（八）爱神玫瑰

别名：丘比特玫瑰。欧亚种。原产地中国。由北京市农林科学院林业果树研究所育成。亲本为玫瑰香×京早晶。

果穗中等大，平均穗重220.3克，平均穗长14.6厘米，穗宽10.0厘米，圆锥形，果粒着生中等紧密。果粒中等大，平均粒重2.3克，最大粒重3.5克，经赤霉素处理后（花后一次）可增大到

4 克左右。果粒椭圆形，果皮中等厚，红紫—紫黑色，果粉薄，果实风味甜。

该品种树势强，抗性强，成熟期极早，果实品质上乘，具有浓郁的玫瑰香味，无核型，外观美，为一极早熟无核鲜食高档新品种。

（九）绯红

欧亚种。原产地美国。亲本为粉红葡萄×瑞比尔。1973 年由保加利亚引入我国。

果穗圆锥形，大，平均单穗重 500~700 克。果穗大小整齐，果粒着生中等紧密。果粒较大，椭圆形，平均单粒重 8~10 克，成熟时为紫红色，果粉薄，果皮薄而较脆，中厚，肉质脆，汁中等多。风味甜，微有玫瑰香味。鲜食品质上等。果粒着生牢固，耐运输。

浆果早熟。抗霜霉病力较弱。果实着色期、成熟期遇雨裂果较严重。

（十）粉红亚都蜜

别名：早红提、兴华一号、矢富罗莎。欧亚种。原产地日本。是由日本东京都町田市矢富良宗育成。1994 年，山东省农业科学院从日本引入我国。

果穗分枝圆锥形，大，平均穗重 800 克，最大 1 000 克。果粒着生疏松。果粒椭圆形，鲜紫红色，大，平均单粒重 7.6 克，最大粒重 10 克以上。果粉中等厚，果肉硬、脆，汁液中等，味甜。前端稍尖，形状像里扎马特，生长紧凑，果皮粉红至紫红色，着色整齐一致。果皮薄，难与果肉分离，果汁多，肉质稍脆，味甜爽，口感清香。品质优良。

浆果早熟。抗葡萄霜霉病、黑痘病、白腐病的能力中等偏强。

（十一）香妃

欧亚种。原产地中国。由北京市农林科学院林业果树研究所育成。玫瑰香×莎芭珍珠的后代 73-7-6 为母本，'绯红'为父本。

果穗圆锥形带副穗，中等大，长 15.13 厘米，宽 10.8 厘米，平均质量 322.5 克，最大穗重 503.4 克。穗形大小均匀，紧密度中等。果粒近圆形，绿黄色或金黄色，大，纵径 2.41 厘米，横径 2.35 厘米，平均质量 7.58 克，最大 9.7 克。果皮绿黄色（完全成熟时金黄色），薄，质地脆，无涩味，果粉厚度中等。果肉硬，质地脆、细，有极浓郁的玫瑰香味。酸甜适口，品质上等。

此品种为早熟鲜食品种。在多雨年份及地区有裂果现象，应注意水分管理、套袋和适时采收。负载量过大时易形成大小粒，需及时疏花疏果和控制负载量。宜干旱、半干旱地区栽培，中短梢修剪为主，适于保护地栽培。

二、中熟品种

（一）金手指

欧美杂种。原产地日本。是日本原田富一氏于 1982 年用美人指×Seneca 杂交育成。1993 年登记注册，1997 年引入我国。

果穗中等大，长圆锥形，着粒松紧适度，平均穗重 445 克，最大 980 克。果粒长椭圆形至长形，略弯曲，呈菱角状，黄白色，平均粒重 7.5 克，最大可达 10 克。每果含种子 0~3 粒，多为 1~2 粒，有瘪籽，无小青粒，果粉厚，极美观，果皮薄，可剥离。有浓郁的冰糖味和牛奶味，品质极上，商品性极高。不易裂果，耐挤压，耐贮运性强，货架期长（彩图 2-2-7、彩图 2-2-8）。

抗寒性强，成熟枝条可耐-18℃左右的低温；抗病性强，按照巨峰系品种的常规防治方法即无病虫害发生；抗涝性、抗干旱性均强，对土壤、环境要求不严格，全国各葡萄产区均可栽培。

（二）巨玫瑰

欧美杂种。四倍体。原产地中国。大连市农业科学研究院育成。亲本为沈阳玫瑰×巨峰。1993 年杂交，2002 年 8 月通过大连市科技局组织的专家鉴定。

果穗圆锥形，穗长 19.7 厘米，宽 14.2 厘米，有比较大的副穗，平均穗重 675 克，最大穗重 1 150 克。果粒大小整齐，果粒着生中等紧密。果粒椭圆形，紫红色，大，纵径 2.77 厘米，横径 2.37 厘米，平均粒重 9~10 克，最大粒重 15 克。果皮中等厚，着色好，果粉中多。果肉与种子易分离，肉较脆，汁液多，无肉囊，具有浓郁的玫瑰香风味，品质极佳（彩图 2-2-9、彩图 2-2-10）。

（三）阳光玫瑰

欧美杂种，原产地日本。2006 年进行品种登记。

果穗圆锥形，单穗重 600~800 克，最大穗重 1 000 克。果粒着生中等紧密，单粒重 8~10 克，短椭圆形，果皮薄，黄绿色，果粉少，果皮与果肉不易分离。幼果至成熟果都有光泽。果肉硬脆，香甜可口，无涩味，兼有玫瑰香和奶香复合型香味，食用品质极佳（彩图 2-2-11、彩图 2-2-12）。

（四）巨峰

欧美杂种。原产地日本。亲本为石原早生×森田尼。1937 年杂交，1945 年正式命名发表。1959 年，原北京农业大学从日本引入我国。在辽宁、北京、河北、山东、江苏、上海、浙江、河南、陕西、广西、福建等地均有大面积栽培。

果穗圆锥形带副穗，中等大或大，穗长 24 厘米，穗宽 10 厘米，平均穗重 400 克，最大穗重 1 500 克。果穗大小整齐，果粒着生中等紧密。果粒椭圆形，紫黑色，大，纵径 2.6 厘米，横径 2.4 厘米。平均粒重 8.3 克，一般粒重 10 克以上，最大粒重 20 克。果粉厚，果皮较厚而韧，有涩味。果肉软，有肉囊，果汁多，绿黄色，味酸甜，有草莓香味。鲜食品质中上等（彩图 2-2-13、彩图 2-2-14）。

适应性和抗病性较强，在多雨地区和年份，仍应注意病害的防治，特别是对黑痘病、穗轴褐枯病、灰腐病、霜霉病的防治。在我国南北各地均可栽培。棚、篱架栽培均可，宜中、长梢修剪。

（五）户太8号

欧美杂种。原产地中国。西安市葡萄研究所育成。从巨峰系品种中选出。

果穗圆锥形带副穗。果穗大，穗长30厘米，穗宽18厘米，平均穗重600克以上，最大穗重1 000克以上。果粒着生中等紧密或较紧密，果穗大小较整齐。果粒近圆形，紫红至紫黑色。果粒大，平均粒重10.4克，最大粒重18克，果皮厚，稍有涩味。果粉厚。果肉较软，肉囊不明显。果皮与果肉易分离。果汁较多，有淡草莓香味。鲜食品质中上等，制汁品质较好。

此品种为中早熟鲜食品种。适应性和抗病性较强，在多雨地区和年份，仍应注意病害的防治。在我国南北各地均可栽培，尤其适应陕西省秦岭北麓地区。棚、篱架栽培均可，宜以中梢修剪为主。

（六）醉金香

欧美杂种。原产地中国。由辽宁省农业科学院园艺研究所育成。亲本为7601（玫瑰香芽变）×巨峰。现分布在辽宁、山东、河南、河北、山西、四川、陕西、浙江等地。

果穗圆锥形，无副穗，大，纵径19.7厘米，横径14.8厘米，平均穗重802克。果穗大小整齐，果粒着生紧密。果粒倒卵圆形，金黄色，大，纵径为3.4厘米，横径为2.6厘米，平均粒重13.0克，最大粒重19.1克。果粉中等，果皮中等厚，脆。果肉软，汁多，味极甜，有茉莉香味。鲜食品质优。

棚架、篱架栽植均可。整形以双蔓为主，也可以多蔓。以中、短梢修剪为主，结合超短梢修剪。

（七）森田尼无核

别名：世纪无核、青提。原产美国，欧亚种。美国加利福尼亚大学的 H. P. Olmo 于1966年用 Gold×Fzdi（Emperor×Pirovam75）杂交育成。我国1987年引进。目前，在新疆、山东、河北、山西、河南、辽宁、上海、浙江等地种植。

果穗大，长圆锥形，平均单穗重为 629 克，最大穗重可以达到 1 200 克，果粒着生中等紧密。果粒黄绿色，鸡心形，中等大小，平均单粒重 4~5 克，最大粒重 8 克。果皮薄，果肉脆硬，有轻微麝香味。品质极上，是鲜食和制干的优良品种。

（八）藤稔

欧美杂种。原产地日本。由日本葡萄专家青木一直育成。亲本为红蜜（井川 682）×先锋。1986 年引入我国。在浙江、江苏、上海等地有大面积栽培。辽宁、河北、山东、河南、福建等地均有栽培。

果穗圆柱形或圆锥形带副穗，中等长，穗长 16~24 厘米、宽 12~17 厘米，单穗重 450~550 克，果粒着生中等紧密。果粒短椭圆形或球形，紫红或紫黑色，大，平均粒重 12 克以上。果皮中等厚，有涩味，果肉中等脆，有肉囊，汁中等多，味浓甜。鲜食品质中上等。

此品种为早中熟鲜食品种。果粒特大，形美色艳，品质优良，商品性高，深受市场和消费者欢迎。棚架、篱架栽培均可，宜中梢修剪。

三、晚熟品种

（一）水晶红

欧亚种，中国农业科学院郑州果树研究所育成，亲本为美人指×玫瑰香。

果穗圆锥形，无副穗，果穗大，穗长 18~23 厘米，宽 15~18 厘米，平均单穗重 850 克，最大穗重可达 1 200 克以上，果穗上果粒着生中等紧密，果穗大小整齐。果粒尖卵形，鲜红色，着色一致，成熟一致。果粒大，纵径 2.9~3.3 厘米，横径 1.5~1.7 厘米，平均单粒重 8.3 克，最大粒重可达 10.1 克，果粒整齐，皮薄，果粉中等厚，肉较脆，细腻，无肉囊，果汁无色，汁液中等多，果皮无涩味，果梗中长，抗拉力强，不脱粒，不裂果。风味甜，品质上。

在河南省郑州地区，水晶红（中葡萄 6 号）4 月 3—7 日萌芽，5 月 18—22 日开花，花后浆果开始生长膨大迅速，浆果 8 月上旬开始着色，果实开始成熟在 9 月 10—15 日。果实整个发育期为 114 天（彩图 2-2-15、彩图 2-2-16）。

（二）神州红

欧亚种，中国农业科学院郑州果树研究所育成，亲本为圣诞玫瑰×玫瑰香。

果穗圆锥形，无副穗，果穗大，穗长 15~25 厘米，宽 10~13 厘米，平均单穗重 870 克，最大穗重可达 1 500 克以上，果穗上果粒着生中等，果穗大小整齐。果粒长椭圆形，鲜红色，着色一致，成熟一致。果粒大，纵径 1.8~2.3 厘米，横径 1.3~1.5 厘米，平均单粒重 8.9 克，最大可达 13.4 克，果粒整齐，皮薄，果粉中等厚，肉脆，硬度大，无肉囊，果汁无色，汁液中等多，果皮无涩味，果梗短，抗拉力强，不脱粒，不裂果。风味甜香，具有别致的复合香型，品质极上（彩图 2-2-17、彩图 2-2-18）。

在河南省郑州地区，神州红（中葡萄 15 号）4 月 2—6 日萌芽，5 月 11—15 日开花，花后浆果开始生长膨大迅速，浆果 8 月上旬开始着色，果实开始成熟在 8 月 15 日至 25 日。果实整个发育期为 97 天。

（三）红地球

欧亚种。原产地美国。由美国加州大学 H. P. Olmo 育成。亲本为 C12-80×S45-48。在辽宁、山东、河北、北京、山西、甘肃、新疆、陕西、河南等地栽培面积较大。

果穗短圆锥形，极大，穗长 26.4 厘米，穗宽 16.8 厘米，平均穗重 880 克，最大达 2 500 克。果穗大小较整齐，果粒着生较紧密。果粒近圆形或卵圆形，红色或紫红色，特大，平均粒重 12 克，果粒着生整齐一致，无大小粒现象。果粉中等厚，果皮薄而韧，与果肉较易分离。果肉硬而脆，可切片，汁多，味甜，爽口，无香味。鲜食品质上等（彩图 2-2-19、彩图 2-2-20）。

此品种为晚熟鲜食品种。是世界著名的优良鲜食葡萄品种。穗大，粒大，色艳，果肉硬脆，优质。耐贮运，丰产，喜肥水。极易感黑痘病等真菌性病害，要注意预防。易小棚架或高宽架栽培，采用以中、短梢修剪为主的长、中、短梢混合修剪。

（四）美人指

欧亚种。原产地日本。由日本植原葡萄研究所育成。亲本为优尼坤×巴拉蒂。1984 年杂交。1991 年引入我国。

果穗圆锥形，大，穗长 21~25 厘米，穗宽 15~18 厘米，平均穗重 600~800 克。果穗大小整齐，果粒着生疏松。果粒尖卵形，鲜红色或紫红色，大，平均粒重 12 克。果粉中等厚，果皮薄而韧，无涩味。果肉硬脆，汁多，味甜。鲜食品质上等。

对气候及栽培条件要求严格。注意严格控制氮肥的施用量。生长期宜多次摘心，抑制营养生长。适合干旱、半干旱地区种植。在南方栽培，需大棚避雨和精细管理。平棚架或高、宽、垂架式栽培均可，宜中、长梢结合修剪。

（五）魏可

欧亚种。原产地日本。日本山梨县志村富男 1987 年用 Kubel Muscat 与甲斐路杂交育成，1998 年品种登录，1999 年引入我国。

果穗圆锥形，果穗大，穗长 18~25 厘米，穗宽 12~14 厘米，平均穗重 450 克，最大穗重 575 克。果粒大小整齐，果粒着生疏松。果粒卵形，紫红色至紫黑色，果粒大，纵径 2.23~3.63 厘米，横径 1.69~2.5 厘米，平均粒重 10.5 克，最大粒重 13.4 克。果皮厚度中等，韧性大，无涩味，果粉厚，果肉脆，无肉囊，汁多，极甜。鲜食品质上等。

浆果极晚熟。抗病力较强。

（六）摩尔多瓦

欧美杂种，原产地摩尔多瓦。摩尔多瓦葡萄是由摩尔多瓦共和国的 M. S. Juraveli 和 I. P. Gavrilov 等人育成的，杂交亲本为古扎丽卡拉（GuzaliKala）×SV12375。1997年引入我国。

果穗圆锥形，中等大，平均穗重650克。果粒着生中等紧密，果粒大，短椭圆形，平均粒重8.5克，最大粒重10.5克。果皮蓝黑色，着色整齐一致，果粉厚。果肉柔软多汁，无香味。

摩尔多瓦属欧美杂交种，抗病性极强。高抗霜霉病，较抗黑痘病和白腐病。篱架、棚架栽培均可。

（七）圣诞玫瑰

圣诞玫瑰，又叫秋红。欧亚种。原产地美国。由美国加州大学H.P奥尔姆育成。亲本为$S_{44~3SC}$×9-1170。1981年在美国正式发表。1987年沈阳农业大学从美国引入，1995年通过品种审定。在辽宁、山东、新疆、山西、甘肃、河北、河南、北京和上海等地有栽培。

果穗长圆锥形，大，平均穗长30厘米以上，穗宽24厘米，平均穗重880克，最大3 200克。果穗大小较整齐，果粒着生较紧密。果粒长椭圆形，深紫红色，大，纵径2.8厘米，横径2.2厘米，平均单粒重7.8克。果粉薄。果皮中等厚而韧，与果肉较易分离。果肉细腻，硬脆，可切片，汁中等多，风味浓，味酸甜，稍有玫瑰香味。鲜食品质上等。

浆果极晚熟。抗霜霉病和白腐病力较强，抗黑痘病力弱。小棚架或篱架栽培均可，以中、短梢修剪为主。

（八）红宝石无核

别名：鲁贝无核、宝石无核等。

原产美国，欧亚种。1968年，H.P.olmo以皇帝与Pirovan075杂交培育而成。我国1986年引进，目前，山东、河南、辽宁地区栽培，其中，山东面积最大。

果穗大，长圆锥形，平均单穗重600~700克，最大穗重可达2 000克以上，果粒着生紧密。果粒宝石红，有果霜，果粒椭圆形，平均单粒重3克，最大粒重为5.6克。果肉浅黄绿色，果肉半透明，脆，风味甜。品质上佳。

适应能力强，抗病性强，果实耐贮运性强。成熟期遇雨易产生裂果现象。适合于棚架栽培，短梢修剪为主。

（九）克瑞森无核

别名：绯红无核、淑女红。原产美国，欧亚种。1983 年美国加州农学院的 David Ramming 和 Ron Tarailo 用皇帝和 C33199 杂交培育而成。我国 1998 年引进。目前，山东、辽宁、陕西、河南等地有栽培。

果穗中等大小，有歧肩，圆锥形，平均单穗重 500 克，最大穗重 1000 克。果粒亮红色，充分成熟时为紫红色，上有较厚的白色果霜，平均单粒重 4 克，最大粒重 6 克。果肉浅黄色，半透明肉质，果肉较硬，果皮中等厚，不易与果肉分离，风味甜。品质极佳。

目前最晚熟的无核品种。该品种对赤霉素和环剥处理较为敏感，均可以促进果粒的膨大。适应性强，抗病性强。栽培中，应注意控制生长势，防止枝条生长过旺。

（十）东方之星

欧美杂种，原产地日本。

果穗圆锥形，穗重 500 克左右，最大穗重可达 1 000 克。果粒为短椭圆形，果粒大，平均单粒重 10 克。果粉多。果皮色呈紫红色，果皮较薄，难剥离。果肉硬，含糖量 20% 左右，有香味，酸味少，无涩味，不裂果，不脱粒，特耐贮运。果实可做无核化处理。

东方之星长势强，抗逆性、抗病性强，适合我国南北方栽培，生产上注意多留些副梢，并采取多种措施强壮树势，才能实现高产、稳产优质。

（十一）天山

欧亚种。原产地日本。由日本山梨县志村葡萄研究所的志村富雄氏杂交培育。

果粒巨大，单粒重 25～30 克。皮薄，肉质爽口，可以连皮食用。

充分成熟时果粒黄色。树势生长旺盛，需注意病虫害的防治。

第三章　苗木繁育

第一节　自根苗繁育

一、扦插繁殖

(一) 硬枝扦插育苗

葡萄的再生能力很强，枝蔓上的节或节间都可以诱发不定根。一般来说，枝蔓节间生根较少，根的发生主要集中在节部。在单芽扦插时，朝芽的一侧生根多，背芽的一侧生根少。另外，一年生的枝条生根好，多年生的枝条生根差，因此，葡萄的扦插主要用一年生的枝条。

1. 影响葡萄扦插生根的因素

(1) 温度。温度是葡萄扦插生根最主要的影响因素之一。试验表明：在25~28℃时，发芽生根率高，幼苗生长快，叶色正常，新梢粗壮；在30℃以上时，发芽生根的速度很快，但幼苗叶色较淡，枝条细弱；温度高于35℃时，发芽明显受到抑制；40℃以上时，则芽眼经过一段时间就会枯死。由此可见，葡萄扦插育苗的最适宜的温度为28℃左右。

为提高葡萄的扦插成活率，在生产上常用加温催根，然后扦插到苗圃地中。需要指出的是，经过催根处理的插条，在扦插时，低温一定要达到生根的温度，否则，催根就不起作用。

(2) 土壤水分。土壤含水量也是影响插条生根、发芽的重要因素。含水量的高低与土壤结构密切相关，通常用来进行葡萄扦插育苗的沙壤土的含水量占土壤重量的14%左右较为适宜。

（3）空气条件。空气条件对插条生根具有重要的意义。在生产中常见到植物的根在寻找空气和养分的情况。用塑料营养袋育苗，发现在不同介质中根的营养分布是不一样的。以沙土做介质的，由于紧密度较大，空气条件不如锯屑和煤渣做介质的好。前者葡萄根系仅沿着袋内边沿向下生长，袋内沙土中间无根系；而后二者袋中满布根系。因此，介质空隙度越大，根系越发达。在沙培时，如浇水量过大，扦插的芽段生根部位几乎全在沙表层。故要插条根系正常，在选择土壤或配营养土时，一定要疏松，透气性良好，同时要经常保持适宜的含水量。

2. 扦插育苗技术

（1）插条准备。结合冬季修剪采集无病毒、节间短、髓部小、色泽正常、生长健壮、芽眼饱满、无病虫危害的枝条做插条；细弱或徒长的枝条成活率低，苗木生长不良，不宜选用。如果繁殖材料缺乏时，也可选用成熟良好的2次枝做插条。春季取出插条，按2~3个芽长度剪截。插条上端离芽眼1.5厘米处平剪，下端离芽眼0.5厘米处（芽的对面）剪成马蹄形。插条上的所有芽眼，特别是上端的1~2个芽眼要充实饱满。3芽枝扦插后，如第一芽受损害，第二芽眼容易萌发出土，有利于提高扦插成活率。

（2）催根处理。春季露地扦插时，常因气温变化大，白昼气温高于地温，插条先发芽，后生根，萌发的嫩芽常因水分、营养供应不上而枯萎，降低扦插成活率。人工加温催根，目的就是创造条件使葡萄枝蔓根原体细胞旺盛活跃起来。

①电热温床催根：这种方法功效高，目前在中国已被广泛应用于葡萄育苗生产中。电热温床可设置在常温室内或塑料大棚中。为保持温度，地面上先铺一层4~5厘米厚的稻草、麦秸或锯末等，其上铺塑料膜。温床两边安放拉地热线用的木条，木条上钉约3厘米长的铁钉。一条长100米、功率为800瓦的地热线，5厘米线距，形成近5平方米的床面。每平方米可插5 000~8 000个插条。

根据苗木数量，确定布线面积。整个温床布线后，上面铺 5~6 厘米厚的沙，将插条一个挨一个地紧紧插入沙中，芽露沙表。插好后用喷壶或淋浴喷头喷水，使沙层湿润。通过控温仪使根际部沙温达到 25℃ 左右。10~15 天绝大部分插条产生愈伤组织，少数生根，此时即可扦插入圃。

塑料营养袋育苗采用单芽芽段。为保证每个营养袋中的芽段萌发成苗，催根处理到 10 天左右，大部分芽段已产生愈伤组织，而芽眼少数萌发或尚未萌发时，宜在床面上铺盖塑料布，以提高芽部温度与湿度，促进发芽。其后将已萌发的芽段插入营养袋中。

②火炕催根：北方葡萄产区常用家庭火炕或甘薯育苗炕进行葡萄催根。门窗朝北的土房室温低，插条顶端芽眼处在较低的温度中，火炕催根效果好。火炕上先铺 5 厘米的锯末或沙，顶端芽眼露在外面。插好后充分喷水，使木屑湿透。生根处温度保持 20~30℃，待插条绝大部分产生愈伤组织和部分生根时，即可移植苗圃或定植。

③植物生长调节剂：用生长调节剂处理的插条能提高酶的活性，促进分生细胞的分裂，加速生根，以提高扦插成活率。

（3）苗圃地准备。苗圃地应选择交通方便，地势平坦，向阳背风，排灌条件好的地方。在南方由于雨水多，应选排水良好的缓坡地或平原高燥地，坡度在 2°~5°。平原的地下水位宜在 1 米以下，低洼地不宜建圃。苗圃地要求土层深厚，土质疏松肥沃，pH 值以 6.5~7.5 为宜。酸性土壤和碱性土壤须经改良后才能利用。

（4）扦插与管理

①扦插：春季扦插前，北方地区于 3 月中、下旬，南方于 2 月底 3 月初，每公顷再施腐熟的厩肥 22 500~30 000 千克或腐熟的菜籽饼 1 500 千克，过磷酸钙 750 千克，然后浅耙，整成长宽（8~10）米×1 米的畦子。南方雨水多，为了排水方便畦面应高出地面 20 厘米。覆膜前 1~2 天用 150 倍丁草胺液喷洒畦面，以消灭杂草。

扦插时期，北方在 3 月中、下旬，南方在 2 月中下旬，地温稳定在 10℃ 以上。经过催根处理的插条，由于部分已经发芽，为避免晚霜危害，扦插时期比未催根处理的要晚一些，地温应达到 15℃ 左右。为提高苗床温度，扦插前可覆盖黑色地膜或架设塑料小拱棚。扦插斜度以 30° 为宜，深度以上部芽露出 2 厘米为宜（图 3-1）。注意防止倒插。株行距（12~15）厘米×（50~60）厘米，每公顷插 12 000~15 000 条。插后浇水。垄插是一种提高葡萄成活率较好的育苗方法。垄插将葡萄条插在垄背上，第一芽处在垄背的表土下。插后在垄沟内浇水，保持垄沟上部土壤疏松，利于插条萌芽出土。枝条下端接近浅沟面，土温高，通气性好，生根快，一般垄插比平畦扦插成活率高，在生产中多为群众所采用。

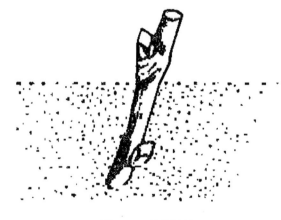

图 3-1　葡萄扦插

②管理：北方地区春季干旱，透水性强的沙质土壤，扦插后一般 7~10 天浇一次水；持水性强的黏重土壤，浇水的次数不宜过多，以防降低地温或通气不良，影响生根。插条发芽后，根据土壤湿度可浇水 4~5 次。北方 7—8 月为雨季，到 7 月下旬至 8 月上旬，为了有利于枝条成熟，一般应停止浇水。南方 7—8 月葡萄生长中后期降雨少，需根据实际情况浇水。

为了提高地温，改良土壤通气条件，降雨及浇水后要及时中耕。中耕深度开始宜浅，以后逐渐加深。

南方4月下旬至6月上旬，北方6月上旬至7月上、中旬，苗木进入迅速生长期，需要大量的养分，故应追施速效性肥料2~3次。第一次以氮肥为主，第二次以磷、钾肥为主。追肥量每公顷人粪尿15 000~22 500千克（或硝酸铵150~225千克，磷酸二铵150~225千克），过磷酸钙225~300千克，草木灰450~525千克。

7—8月，幼苗主梢长至8叶以上摘心，副梢留1~2叶摘心，3次梢同样留1~2叶摘心。幼苗基部的2~3个副梢从基部摘除，以利通风。如幼苗生长高度不够时，应适当推迟摘心时期，到8月底、9月上旬高度不够的，也应一律摘心。

（二）单芽营养袋育苗法

（1）苗地准备。由于营养袋育苗不需要利用场地的土壤，因而建大棚和阳畦时可不考虑土壤质地，但必须建在向阳、背风、有水、电条件的地方。阳畦的建造很容易，仅用砖在平地上砌成内宽130厘米，高10厘米，长度不定的畦子，用竹片扎成拱高60厘米左右的支架，上覆塑料薄膜，背面用土将膜压住，加盖草帘即可。

（2）营养土配制。营养袋育苗的培养土系用土、沙、肥配制而成。土壤应富含熟化的有机质，绝对禁止使用盐碱土和老墙土；沙以较粗粒的为好，带胶泥的细沙透水性差，不宜选用；肥料宜用腐熟的农家肥为好，不可用生的农家肥。营养土配置前，土、沙、肥应过筛，按2∶2∶1的比例配制，均匀地混合。

（3）制袋、装袋与放置。塑料袋的大小以高14~16厘米、宽8厘米、口径5厘米为宜。袋的底部中央留好直径为1厘米的排水孔。袋装满营养土后，稍微蹾实，使土面与袋口平齐。然后，将袋整齐直立，紧密地摆在温室、塑料大棚或育苗地内，每平方米内约420个左右。

（4）枝条剪截与处理。将准备好的健壮枝条，剪成单芽段。在芽眼的上方1厘米平剪，芽眼的下方4~5厘米处剪成"马蹄

28

口"。茎段剪好后，在电热温床上催根，待绝大多数茎段产生愈伤组织和部分已经生根时，即可将萌发的芽眼插入袋中。在催根时，可以加生长激素来促进发根，常使用的生长激素为萘乙酸、吲哚丁酸等，使用浓度一般为：1 000毫克/千克条件下，速蘸3秒；200~300毫克/千克条件下，室温，浸泡剪口1~2厘米，8~12小时。

（5）扦插与管理。营养袋育苗的时间为：北方地区一般为3月上中旬开始为宜；南部地区可适当提前。过早，由于外界温度低，温室加温的时间需提前，消耗能源多，加大成本费用，大棚或阳畦由于保温条件简单，白天吸收的热量晚间不宜保存，温度提不高，影响插条发芽与生根；过晚，幼苗生长后期气温过高，棚内、畦内温度难以控制，影响幼苗生长。

扦插前，用轻喷水的方法，先将袋内的土壤慢慢地喷透，然后扦插芽段。扦插深度以芽眼与袋土表面平齐，或略高于土表面（图3-2）。扦插时苗床袋温须在10℃以上。

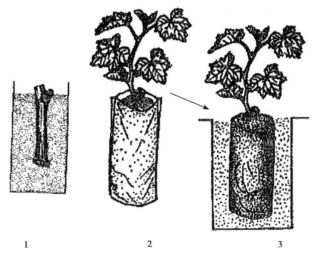

1　　　　　2　　　　　3

图3-2　营养袋育苗

芽段扦插后，管理方面要重点做好两方面的工作；一是掌握袋内含水量。土壤过干，轻则影响芽段生根、发芽与生长，重则使芽段或已萌发的幼苗干枯死亡；土壤过湿，芽段不生根，生了根的幼苗，也会因空气不足而死亡。由于塑料袋透气性差，在生产中易发生水量过大，导致育苗失败。扦插后，前期由于气温不高，土壤蒸发量小，每隔2~3天喷一次水。后期由于气温高，苗木大，叶片增多，蒸发量大，每隔1~2天或1天喷一次水。要根据土壤湿度及苗木的生长情况喷水，不要盲目地喷水。二要掌握好温度。早春外界气温低，要依靠加温或覆盖草帘提高温度，白天温度保持在25℃左右。晚上袋温不低于13℃。春末夏初气温转暖，此时应保持畦内温度在25~30℃，最高不超过35℃。空气湿度应保持在：前期90%左右，后期降到70%~80%。

用此法育苗，当年定植，当年成园。只需二三个月，不用大的育苗场地，可培育出大批整齐一致的苗木，建立大型的葡萄生产基地。

(三) 绿枝扦插育苗

（1）苗床准备。绿枝扦插苗床一般应设置在通风良好的地方，也可设置在建筑物北侧，每日有直射光照数小时的地方。床宽1.21~1.5米，长可根据需要而定，高20厘米左右，四周用砖砌成。苗床铺1.3~1.6厘米厚的沙子。

（2）插条准备。开花期后一个月内选择半木质化粗壮副梢或主梢，从芽上1厘米处平剪成双芽枝或单芽枝。如为单芽枝，可在芽下3~5厘米处剪断；如为双芽枝，可在高处芽以上1厘米处平剪。

（3）扦插与管理。将剪好的插条，立即浸入水中或盖上湿布，放在阴凉处。扦插前用500~1 000毫克/千克吲哚丁酸或萘乙酸、吲哚乙酸（生长素）溶液浸蘸插条基部3~5秒，取出后扦插于苗床中，株、行距10厘米×12厘米，深度以芽露出沙面1厘米为宜。插完后充分洒水并盖上塑料棚，晴天10时到16时棚外要遮阴，使光强度为自然光照的30%~50%，降低苗床温度。为保持棚内90%

以上的湿度，不使枝条脱水，棚内最好安装喷雾设备。绿枝扦插最适温度为 25~28℃，在 18~35℃ 范围内也能获得较好的生根效果。绿枝扦插两周左右即可生根，成活率可达 86%~100%。当幼苗具有 3~5 个叶片和良好发育的根系时，可进行炼苗，再后移入苗圃或定植。

二、压条繁殖

（一）新梢压条

用来进行压条繁殖的新梢长至 1 米左右时，进行摘心并水平引缚，以促使萌发副梢。副梢长至 20 厘米时，将新梢平压于 15~20 厘米深的沟中，填土 10 厘米左右，待新梢半木质化，高度 50~60 厘米时，再将沟填平。夏季对压条副梢进行支架和摘心，秋季挖起压下的枝条，分割若干带根的苗木。

（二）二年生枝压条

春季萌芽前，将植株基部预留作压条的一年生枝条平放或平缚，待其上萌发新梢高度 15~20 厘米时，再将母枝平压于沟中，露出新梢（图 3-3）。如不宜生根的品种，在压条前先将母枝的第一节进行环割或环剥，以促进生根。压条后，先浅覆土，待新梢半木质化后逐渐培土，以利于增加不定根数量。秋后将压下的枝条挖起，分割为若干带根的苗。

（三）多年生蔓压条

老葡萄产区，也有用压老蔓方法在秋季修剪时进行。先开挖 20~25 厘米的深沟，将老蔓平压沟中，其上 1~2 年生枝蔓露出沟面，再培土越冬。在老蔓生根过程中，2~3 次切断老蔓，促进发生新根。秋后取出老蔓，分割为独立的带根苗（图 3-4）。

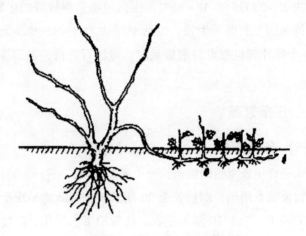

图 3-3　二年生枝压条繁殖

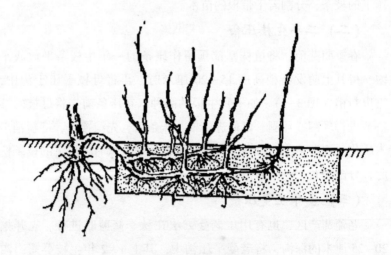

图 3-4　多年生枝压条繁殖

第二节　嫁接苗繁育

一、嫁接苗的特点与应用

嫁接苗是由接穗与砧木两部分组成，它兼有发挥二者特性的作用。接穗采自性状稳定的优质丰产植株，因而能保证母本的优良性状；利用砧木的抗逆性，可以加强品种的抗旱、抗涝、抗寒、抗盐碱和抗病性，以扩大葡萄的种植范围。如我国东北、内蒙古等冬季严寒地区，广泛地利用山葡萄、贝达等作为葡萄栽培品种的抗寒砧木，可以大大地提高葡萄品种的抗寒能力，提高了葡萄品种的越冬能力；在我国黄河故道地区，有大面积的盐碱地，也可以通过抗性砧木的利用，来增加葡萄品种的丰产性和葡萄果品的品质。

二、砧木选择与接穗采集

影响嫁接成活的因素，主要决定于砧木和接穗的嫁接亲和性。葡萄嫁接时，除了亲和性外，砧木与接穗的质量同样也是很重要的。接穗必须品种纯、健壮、芽饱满、不带病毒。夏季绿枝嫁接接穗应采用当年半木质化新梢，粗度以 0.4~0.6 厘米为宜。

硬枝接穗结合冬剪进行采集并沙藏。绿枝接穗应剪去叶片，留 0.5 厘米的叶柄，用湿毛巾和塑料薄膜保湿，边采集边嫁接。

三、嫁接方法和嫁接时期

（一）芽接法

新梢半木质化时，芽眼易从枝条上剥取。南方在 5—6 月，北方在 6—7 月为芽接时期。

葡萄芽接一般采用盾形或方块形两种方法。此两种方法均不带木质部，成活率高。盾形削芽法系用嫁接刀从芽上 1 厘米处横切再从芽两侧向下切成盾形切口，深达木质部。方块形削芽法在接穗芽眼上、下、左、右各切一刀同样深达木质部。将芽切成长 2.5 厘米、宽 1.2 厘米的长方形块，取下芽片。在砧木离地面 20~30 厘米的节上，去掉与接芽同样大小，不带木质部的长方形片，然后将接芽粘贴在砧木节上的接口处，并用塑料条绑好（图 3-5），接芽和叶柄露在外面。然后约经过 10 天进行检查，接活的芽，芽片新鲜，叶柄一触即脱落。15 天以后，将塑料条去掉。如果当年可以成苗的，可及时在接芽的上方 2~3 厘米处，剪掉砧木枝条，去掉砧木上的萌蘖。当年不可以成苗的，剪砧和除萌的工作应放在秋末、冬初进行。

图 3-5 方块芽接法

（二）枝接法

枝接法的种类主要有两种，分别为劈接和舌接。劈接又分为绿枝嫁接和硬枝嫁接。

1. 绿枝嫁接

绿枝嫁接是葡萄育苗的重要方法之一。一般来说，嫁接的时期在 5—6 月，砧木和接穗的枝条都达到半木质化时进行。品种的主梢和副梢均可以作为接穗的来源。采下的绿枝应及时去除叶片，仅留 1~2 厘米的叶柄，并用湿布包好，以防止水分的散失。接穗可以有 1~2 个芽，最好是刚刚萌发尚未吐叶的夏芽（图 3-6）。嫁接的时间以阴天和多云天气最好，如果是晴天，则在 10 时前和 17 时后进行较好。夏季的绿枝嫁接苗，当年秋季即可出圃。该种方法比较简单，成活率可以达到 80% 以上。

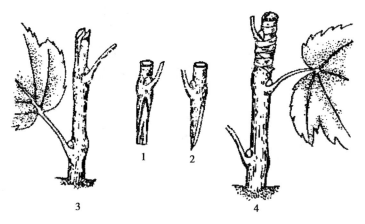

图 3-6　绿枝嫁接法

1、2—接穗；3—砧木；4—包缚

2. 硬枝嫁接

硬枝嫁接有舌接和劈接两种方法。舌接法主要在室内进行，劈接法在室外进行。用作接穗和砧木的枝条（或苗木）应生长充实，成熟良好。接穗剪留一芽，芽上端留 1.5 厘米，下端 4~6 厘米。砧木长约 20 厘米。舌接法的砧木与接穗的粗度应相同，劈接法的砧木可等于或粗于接穗。

舌接法是先将接穗或砧木接口处削成斜面，斜面长为枝粗的 1.5~2 倍；再在砧木斜面上靠近尖端 1/3 处和接穗斜面上靠近尖端 2/3 处，各自垂直向下切一刀，深 1~2 厘米，然后将两舌尖插合在一起（图 3-7）。

劈接法是先将接穗下端削成尖楔形，两边的斜面长度应相等，

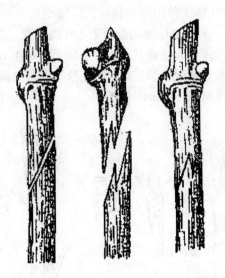

图 3-7　舌接法

长约 2 厘米，砧木上端中央纵切一刀。然后将接穗插入砧木裂缝中，并对准形成层。劈接方法简便，但不如舌接牢固，需用塑料薄膜带等绑扎（图 3-8）。生产上，劈接法也常被用来更换老品种。在北方地区，嫁接时期为葡萄伤流前或伤流期间进行，即 3—4 月；南方地区可以适当提前。

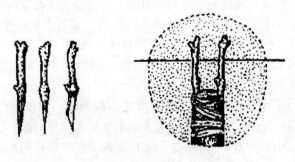

图 3-8　劈接法

为了提高穗、砧枝条接口愈合率，可在电热温床或火炕上加温处理，经 15 天左右，结合处已愈合，下部大多形成愈合组织或生根，此时即可定植。栽植时，接口应与地面平，以免接穗生根。由于愈合组织与砧木上的细根极易风干，栽植前嫁接好的插条应放入水中或用湿布包扎。栽植后应保持土壤湿润。

第三节　苗木出圃、贮藏及质量标准

一、起苗与分级

(一) 起苗

葡萄起苗在秋末冬初落叶或霜后进行。起苗前应先做好准备工作。起苗后进行必要的剪根，根据苗的粗度确定留梢长度。

(二) 分级

分级要求：品种纯正、地上部成熟枝条健壮、充实，具有一定的高度与粗度，芽饱满，根系发达，须根多，无严重病虫害和机械损伤；接合部位要良好。苗木的分级标准，可以按照农业部颁布的国家行业标准（NY 469—2001）进行。表 3-1、表 3-2 是国家颁布的农业行业标准——葡萄苗木标准。

表 3-1　葡萄自根苗标准

项目		级别		
		一级	二级	三级
品种纯度			≥98%	
根系	侧根数量	≥5	≥4	≥4
	侧根粗度（厘米）	≥0.3	≥0.2	≥0.2
	侧根长度（厘米）	≥20	≥15	≤15
	侧根分布		均匀舒展	

（续表）

项目		级别		
		一级	二级	三级
枝干	成熟度		木质化	
	枝干高度（厘米）		20	
	枝干粗度（厘米）	≥0.8	≥0.6	≥0.5
	根皮与枝皮		无新损伤	
	芽眼数	≥5	≥5	≥5
	病虫危害情况		无检疫对象	

表3-2　葡萄嫁接苗标准

项目			级别		
			一级	二级	三级
品种与砧木纯度				≥98%	
根系	侧根数量		≥5	≥4	≥4
	侧根粗度（厘米）		≥0.4	≥0.3	≥0.2
	侧根长度（厘米）			≥20	
	侧根分布			均匀舒展	
枝干	成熟度			充分成熟	
	枝干高度（厘米）			≥30	
	接口高度（厘米）			10~15	
	粗度	硬枝嫁接（厘米）	≥0.8	≥0.6	≥0.5
		绿枝嫁接（厘米）	≥0.6	≥0.5	≥0.4
	嫁接愈合程度			愈合良好	
	根皮与枝皮			无新损伤	
	接穗品种芽眼数		≥5	≥5	≥3
	砧木萌蘖			完全清除	
	病虫危害情况			无检疫对象	

二、检疫与消毒

苗木检疫是防止病虫害传播的有效措施。

苗木出圃时要进行消毒。消毒的方法一般用喷洒法和浸泡法，也有用熏蒸法。苗木多用 3 波美度石硫合剂；也可用 2.5 波美度石硫合剂或 0.1% 升汞水浸苗 10~20 秒，然后用清水冲洗根部。用 800 倍 50% 水胺硫磷溶液浸泡接穗 2~3 秒，对防治粉介壳虫效果良好。

三、假植

用湿沙埋放在荫凉的房屋内，或选避风背阳、不积水的地方挖假植沟，深约 30 厘米，长、宽视苗木数量而定，苗木约 1/3 埋入土中，根部用湿沙填充。如埋放时间过长，要勤检查，以防湿度过大，使根部霉烂或沙、土过干而致苗木脱水死亡。严寒天气应采取防冻措施。

四、运输

营养袋苗需用木箱装运。营养袋直径 5 厘米，苗高 15 厘米左右，箱子的高度不应低于 25~30 厘米。每个底面为 60 厘米×30 厘米的箱子，能装 70~80 株苗。苗木要直立、整齐、紧密地放在箱内。装苗前一天须喷透水。

第四章　葡萄园建立

葡萄品质的好坏，首先取决于品种，但优良的品种又受到园地条件、气候条件、栽培技术等综合因素的影响。因此在建立葡萄园时，就要考虑到当地的土壤、气候、栽培品种的适应性，在此基础上，采取正确的栽培技术。这样，就能达到丰产、优质和高效的栽培目的。

第一节　园地选择

我国幅员辽阔，地形千差万别，因此，在选择葡萄栽培地址时要注意到各种的地势类型，合理地安排土地，以提高土地的利用率。

一般来说，我国的平原地区，除了一些地方的自然环境特别恶劣外，大部分地方都可以进行葡萄栽培，需要指出的是，在地下水位较高时（1米以内），不宜发展葡萄的栽培。丘陵地区，地势一般表现为坡塬地带，较为典型的如黄土高原，其主要特点就是土层深厚，属于干旱和半干旱地区，光照资源、热资源充足，昼夜温差大，较适合葡萄的栽培。我国南方一些丘陵地区，与北方的比较，具有雨量大、光照少、土层相对较薄的特点，因此，在南方丘陵地带进行葡萄栽培时，应注意，尽量地在筑台田种植。山地果树的栽培是我国果树栽培的重要组成部分，在我国，有大面积不能种植农作物的山地和坡地，但对葡萄的栽培来讲，这些地区就适合得多。山地发展葡萄的栽培，应该注意的问题是：山地的气候较为复杂，土壤条件较差，特别是有机质和氮、磷、微量元素相对缺乏，建园时要考虑到这些特点。

另外，其他的一些气候因子，在葡萄园选址时也应考虑，如风、园地周围环境污染（水质、土壤、空气污染等）。

葡萄园选址的原则：葡萄是多年生的果树，选择园地的工作有重要的作用。选址时注意：首先，葡萄园地应建在交通便利的地方，产出的葡萄能及时地运出去。其次，葡萄园选址要根据当地的自然条件，充分利用有利的小气候，克服或缓和不利因素对葡萄生产产生的影响。一些特殊的栽培方法，如葡萄的设施栽培，在选址上要注意的问题，在后面的章节中有详细的介绍。

第二节　葡萄园标准化设计

一、准备工作

在园地选定之后，就要进行葡萄园的规划和设计。规划和设计的内容包括土地和道路系统的规划、品种的选择和配置、防护林与排灌系统及水土保持的规划和设计。它是一项复杂而细致的工作，必须综合运用有关葡萄生态学理论、栽培管理技术、品种特性、土壤改良、水利工程技术及农业经营管理等各方面的知识。合理的规划和设计是保证葡萄园丰产、优质、高效益的必要条件。

二、园地规划

在进行土地规划时，首先要进行土地的实地勘测，主要注意地况、土壤、水利条件等。上述工作结束后，形成一个合理的规划图，进行施工。为经营管理和生产上的方便，可以根据不同的地形、地貌和土壤，把葡萄园分成不同的区。

为经营管理和耕作栽培的方便合理，根据园地的地形、地貌和土壤，把葡萄园划分为不同的小区和大区。

大区是一个相对独立的经营单位，它的面积以不超过 80～100 公顷为宜。一般同一大区的自然条件应相对一致，这样便于制订生产计划和统一技术操作。

小区则是进行生产管理的基本作业单位，应当具有相似的地形、方位、土壤条件和小气候条件，以便配置相同的品种组合和制定基本相同的农业技术措施。

三、水利配套设施设计

（一）灌溉系统

葡萄园灌溉系统的设计首先应考虑水源（地下水、河湖水、山泉水等）、水质和水量。

目前广泛采用的是地面自流灌溉系统。有条件的地区应争取采用喷灌或滴灌方法。

灌溉渠道通常分为输水渠和灌水沟等。输水渠一般为永久性渠道，故不应横贯小区，以免阻碍机械的纵横操作。渠道的比降一般为 0.1%。

（二）排水系统

在地下水位 1 米以内和雨季可能发生涝灾的低洼地，地表径流大，易发生冲刷的山坡地以及下湿盐碱地，应当设置排水系统。

排水系统可分明沟排水和暗沟排水两种，明沟排水快，故应用较多，但占地面积大需要经常修整。

暗沟排水可利用瓦管、竹管等材料或用石板砌成暗沟。也可在沟底填入大卵石，上覆小卵石，再铺上细沙后用土填平，成为砾石排水沟。

排水系统的设置应尽量与灌水系统、道路结合起来，以减少地面的浪费，提高耕作效率。

第三节 定 植

一、行向及株行距（栽植的密度和方式）

（一）栽植密度

有许多因素可以影响葡萄的栽植密度。一般来讲，生长势强、生长快的品种在土壤肥沃、温度适宜和水分充足的地方应适当稀植；反之应密植。在北方寒冷地区，冬季需要埋土防寒，一般多用棚架整形，株、行距为（1.5~2.1）米×（3.0~5.1）米，在非埋土地区，行距以3.0~4.0米为宜。篱架的株、行距以（1.0~1.5）米×（2.0~3.0）米较合适。

（二）栽培方式

在平地、缓坡地以及坡面横向坡度不大的地段上，以直行式栽植为宜，便于耕作、搭架管理。

在栽植密度和方式确定以后，当小区的形状呈长方形、正方形或偏角不大的平行四边形或梯形时，可顺小区的一边划一条基线作为边线，然后在这条基线的两边再画相互平行的两条基线（与小区的一个边线平行），在这两条基线上按确定的行距标出每一行的位置。连接对应两点则成葡萄行。在葡萄行内再按株距标出植株的位置。当小区边缘的偏角较大时，则第一条基线不应顺小区边划，而应当根据地形确定，使后两条基线与第一条基线垂直，边缘留下的斜形地则可栽半行。

在坡地要沿等高线栽植，所以行向的标定要求先测出等高线，在行内确定定植点。在灌溉葡萄园，葡萄行不应绝对等高，而应保持一定的比例。

葡萄行和定植点的标定可用石灰粉或用小木桩标出。

二、定植沟（穴）准备

（一）栽植时期

葡萄苗在秋季落叶后到第二年春季萌芽前都可以栽植。秋栽尽可能早在落叶后进行，最晚要求在土壤结冻前完成。春栽可在土温达到 7~10℃ 时进行，最迟不应晚于植株萌芽前。大面积栽植可以适当提前进行。温室营养袋苗或绿枝扦插苗可在生长期带土移栽。

（二）栽植前的准备

（1）栽植沟穴的挖掘。葡萄的栽植可按行挖沟或按定植点挖穴。定植沟一般要求宽 80 厘米，深 60~80 厘米。定植穴要求按 1 米见方进行挖掘。

（2）苗木准备。苗木栽植前还要进行适当的修剪。地上部位的修剪应根据生长发育情况、栽植深度和整形要求而定。地下部分一般保留基层根，而把插条中、上部所产生的根除去，有利于下层根的发育，增强抗旱、抗寒能力。一般留 15~26 厘米短截，使根在剪口处促发新根。但不能剪得过短。

（3）肥料的准备。葡萄定植前要施足底肥，在栽植前要准备好充分腐熟的厩肥或其他有机肥。一般每公顷的施肥量约为 50 000 千克。

三、苗木定植技术

先将表土和有机肥混合均匀，每株加入 50~100 克磷肥和速效性氮肥，然后将其填入穴中，踏实，并做成馒头状土堆，将苗木根系舒展地放在土堆上。当填土超过根系时，轻轻将苗木抖动，使根系周围不留空隙。坑填满后踩实，顺行开沟浇水，浇透。待水渗下后，在四周培 15~20 厘米高的土，以防水分蒸发。

栽植深度一般以根颈处与地面平齐为宜。嫁接苗的接口要高出地面 3~6 厘米，以防接穗品种生根。在冬季埋土防寒地区，要注意防止苗木冻害，做好苗木的防寒工作。

四、定植后的管理

定植后的幼苗由于根系小，对土壤和环境条件反应比较敏感，所以要加强管理。争取达到不缺苗，为早期的丰产打好基础。

幼苗在顶芽出土前一般不进行管理，让其自行破土而出。当苗木长到 5 厘米时要逐步刨开土堆。根据整形需要，每株只留 1~3 个健壮的新梢。待新梢长达 20 厘米左右时，应插一根临时性的支柱，将新梢绑缚到上面，以免被风吹倒。

在生长过程中要及时灌水，结合灌水可追施尿素等速效氮肥，在生长过程中要及时中耕除草。

第四节　葡萄架式选择

一、篱架

篱架的架面与地面垂直，沿着行向每隔一定距离设立支柱，支柱上拉铁丝，形状类似篱笆。它又可分为如下两类。

（一）单壁篱架

高度一般为 1.5~2 米，架上拉铁丝 1~4 道（图4-1）。架的大小根据品种特性、树势、整枝形式、气候土壤等条件加以调整。如品种生长势强、土壤较为肥沃时，可以采用较为高大的架式，以充分发挥植株的生长和结果潜能。利用篱架栽培，适合的整形方式有：头状整形双枝组长梢修剪；单（双）臂整形短梢修剪。

对于扇形整枝，新梢向上引缚，则单壁篱架需要较高的架式，要求有 3~4 道铁丝，主蔓和结果母枝分别引缚在第 1、第 2 道铁丝上，当年形成的新梢主要引缚在第 3、第 4 道铁丝上。

单壁篱架的主要优点是：架面光照条件好，通风好，有利于提高浆果的品质；田间管理，如打药、中耕、施肥及灌水等措施极为方便；有利于机械化作业；利于合理密植，提高葡萄的早期产量。

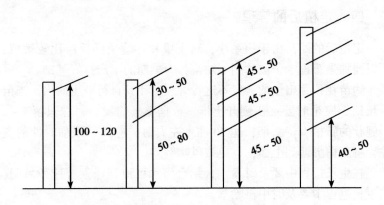

图4-1 高度不同的单壁篱架 (单位：厘米)

（二）双壁篱架

又称双篱架，主要适用于多主蔓自然扇形。即在葡萄植株的两侧沿行向建立相互靠近的两排单壁篱架，把植株的枝蔓平分为两部分，分别引缚于双壁上。

双壁篱架在与单壁篱架高度相同时，应适当扩大行距，一般来说，扩大20%左右。

双壁篱架栽培的植株，也可以交替向一个壁分布，或采用带状双行栽植，由窄行距的两边构成双壁。

双壁篱架的缺点是：通风透光不如单壁篱架，肥、水条件相对要求高，夏季管理要求较为严格，不便于机械化操作，架材投入大，不利于病虫害的防治。

二、棚架

棚架在垂直的立柱上架设横梁，上面牵引铁丝，形成一个水平或倾斜状的棚面，葡萄枝蔓分布在棚面上，故称为棚架。该种架式是我国栽培最为古老的架式之一，分布较为广泛，在平原或丘陵地区均可应用，主要有倾斜式大棚架、小棚架，水平棚架和棚篱架等几种类型。

三、单干双臂"V"形架式

植株一个主干，高 1~1.2 米，在主干的顶部沿铁丝方向分出两个臂，每一个臂上均匀分布 5~7 个结果枝。采用"V"形架式。沿定植行每 6 米竖一根水泥柱（两端柱 10 厘米×10 厘米，中间柱8 厘米×8 厘米），在每根立柱上距地面 0.8 米、1.3 米和 1.8 米处，分别绑 40 厘米、80 厘米和 120 厘米长的横木，与行向垂直，横木两头各拉一道 10 号铁丝。栽植株行距为 1 米×2.5 米，南北行向。

四、"高、宽、垂"架式

"高、宽、垂"架在单壁篱架支柱的顶部加横梁，呈"T"字形。在直立的支柱上拉 1~2 道铁丝，在横梁上两端各拉一道铁丝。横梁宽 80~100 厘米（图 4-2）。

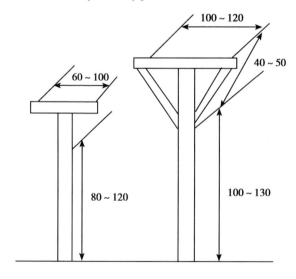

图 4-2　"高、宽、垂"架（单位：厘米）

　　该种架式适合于生长势强的品种，主要整形的方式为，单干双臂。两个臂距离地面为80~120厘米，分别引缚在两条延伸的铁丝上，上面的短结果枝生长出的新梢，分别引缚在横梁两端延伸的铁丝上，随枝条的生长，自然下垂。

　　"高、宽、垂"栽培架式，是一种优良的栽培方法，在美国应用极广，该种架式可以在我国黄河古道地区及其以南的地区利用。

第五章　葡萄高效栽培技术

第一节　整形修剪

一、整形修剪的理论依据

(一) 修剪的原则

根据葡萄对修剪反应的基本原理，提出以下修剪的基本原则。

(1) 处理好削弱与加强的关系。任何时期的修剪都将削弱树体总的负载能力，但却能增加修剪部位局部枝条的生长势，从而有利于枝梢的更新。一种合理的修剪，要尽量做到少削弱树体的总体生长，又能增强枝梢的生长势。

(2) 调节结实负载量。结果过多会降低第二年枝梢生长量和产量，因此应当将每年产量调整到一个合理的水平。

(3) 处理好枝条留量。标准植株的生产能力与枝条数量呈正相关。重剪树的枝条长势强，但枝条数目少，总叶面积低于轻剪树，因而生产能力降低。另外，枝条长势与枝条数量和结果量均成反比，一株树上所留枝条数目越少，结果越少，则每个枝条长势越强。实践中，幼树整形中，可以留枝数目少些，使其生长旺盛，以迅速形成骨干枝。

(4) 正确认识枝条长势。枝条长势由弱变强时，其芽眼花芽分化增加；若长势超过正常水平，则其花芽形成又趋减少。枝梢的长势受多种因素控制，而修剪调节是重要的措施之一。

(5) 利用好枝蔓极性。虽然葡萄为藤本植物，但其顶端优势和垂直优势仍明显，表现为直立枝生长旺盛，剪口芽对基部芽的萌发有抑制作用，由此往往造成架上部或顶部枝叶生长良好，而架下部或基部的枝条生长细弱，容易光秃。葡萄栽培中，要充分利用这种极性现象。如幼树以整形为主，要利用直立枝和长枝加速成形，而在成龄树的修剪中，要注意植株各部分的平衡，防止某一部分生长过旺。

（6）以树定产。一个植株在一定的条件下，只能负载一定量的果实，若超过植株的负载量就会引起果实延迟成熟。同一株树上粗壮枝蔓比细弱的生产力高，粗壮枝蔓应相应轻剪多留果，或者适当地多留结果母枝数量。

（7）因地制宜，灵活修剪。在不同的地理生态条件下，葡萄枝条的生长状况和要求的树形及叶幕形会有所不同，因而采用不同的修剪方法，应该根据不同的情况灵活处理。

（二）修剪量的确定

1. 经验法

通过多年的修剪反应观察，然后确定相应的剪留标准。首先应观察植株和枝条的长势，以确定修剪量。

2. 枝条称重法

产量和葡萄枝条的修剪量之比为确定留芽量的标准。最适留芽量（Y）＝产量（F）/枝条生长量。当值为 4~6 时，表示留芽量适宜；当 Y 值大于 6 时则表明负载过高，修剪时要减少留芽量；当 Y 值小于 4 时，表明负载量过轻，修剪时应该适当地增加留芽量。

3. 计划产量法

即根据计划的产量，来确定单株或单位面积的留芽量。计划产量依据品种、树龄、栽培管理水平和以往的产量综合考虑，根据计划产量和栽植密度确定单株产量，再按照以下公式确定单株的留芽量：

$$Y = \frac{Q}{P \cdot K[1 - 0.01 \times (A + B)]}$$

式中：Y——留芽量；Q——单株产量（千克）；P——果穗平均重（千克）；K——结果系数；A——芽眼死亡率（%）；B——好芽未萌发率（%）。

上式中，$1-0.01 \times (A+B)$ 可以近似看作萌芽率，即不考虑因各种灾害引起的芽的死亡情况，这样公式可以简化为：$Y = Q/(P \cdot K \cdot M)$，其中 M 为萌发率。

（三）修剪时期

修剪时期可以分为冬季休眠期修剪和夏季修剪。

从落叶后到第二年开始生长前，任何时候修剪都不会显著地影响植株体内碳水化合物营养，也不会影响植株的生长和结果。

在埋土防寒地区，为了便于埋土防寒，大都在埋土之前进行修剪；在极端寒冷地区，为了防止芽眼受冻，可以在埋土之前轻剪，春季出土后再进行复剪。不埋土的地区从落叶以后到第二年伤流期前一个月或严寒期过后进行修剪。在早春容易发生霜冻的地区，最好在新梢生长到3~5厘米时再进行修剪，这样推迟萌芽7~10天。

夏季修剪是指从萌芽到落叶之前的修剪，可以根据需要而随时进行。

二、葡萄整形修剪的特点

（一）主要树形及其特点

1. 多主蔓自然扇形

植株基部一般留3~5个主蔓，每个主蔓上分生侧蔓或直接着生结果枝组，所有的枝蔓在架面上呈扇形分布（图5-1）。

多主蔓自然扇形因主蔓较多，一般不会形成粗硬的枝干，对于冬季进行埋土的地区，较为方便。植株的更新容易，负载量容易调节，结果较早。缺点是：结果部位较低，容易感染真菌性病害；新梢直立生长，需要及时地引缚，比较费工；遮阴，浆果的品质

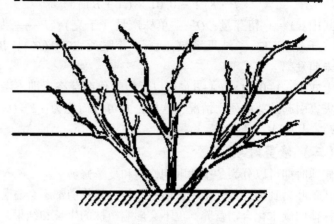

图 5-1　多主蔓自然扇形

较差。

2. 龙干形

该种树形适合于棚架。根据龙干数目的多少，可以分为独龙干、双龙干、多龙干等不同的形式（图 5-2）。但它们的结构基本相同。一般龙干的长度为 4~8 米或更长，视棚架行距的大小来确定。龙干均匀地分布在架面上。在每条龙干上，分布许多的结果枝，经过多年的短梢修剪，形成龙爪形的结果枝组，龙爪上所有的结果枝在冬季修剪时均采用短梢修剪，只在龙干的先端留一个 6~8 芽的延长头。

3. 单干双臂树形

该树形适合于篱架和"高、宽、垂"架。植株一个主干，高 1~1.2 米，在主干的顶部沿铁丝方向分出两个臂，每一个臂上均匀分布 5~7 个结果枝。如果是篱架栽培，则在第一道铁丝的上部 25~30 厘米处拉第二道铁丝，需要的时候，可以拉第三道铁丝，一般为三道铁丝，向上引缚葡萄的新梢，最上部要进行新梢的反复摘心，以控制树势（图 5-3）。如果采用"高、宽、垂"栽培，则

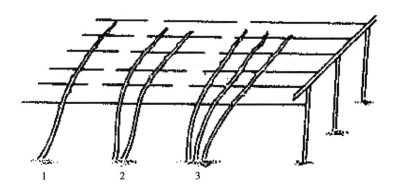

图 5-2　龙干形树形

1——条龙；2——两条龙；3——三条龙

将结果母枝上生出的新梢分向两边，分别引缚在横梁两端的铁丝上，大部分新梢随生长而自然下垂。该种树形整形修剪容易，光照条件好，产量较高。

4."干"字形

它是单干双臂树形的发展。一般主干高 1 米左右，在其上选留第一主蔓，第二主蔓在高 1.3~1.7 米处。根据主蔓高度，在第一层和第二层主蔓处各拉一道铁丝，在第二层铁丝之上 30~40 厘米处拉第三道铁丝。在干臂上每 20~30 厘米配备一个结果部位，可行短梢修剪（图 5-4）。"干"字形树适合生长势较强的品种，在生长期长的地区也可以采用。

具体树形为：植株培养两个主干（或栽双株于一穴），分别在第一和第二道铁丝上伸出双臂，其上面分出结果部位。新梢仍按一般习惯直立向上生长，因此需要将新梢绑缚。在北方冻害易发生的地区，宜采用此树形。其结构特点是双层间距离较大，上层主干离地面 1.8 米，下层离地面仅 0.3 米。下层每年埋土过冬，在上层枝芽遭受冻害的情况下，可由下层枝蔓获得部分产量。

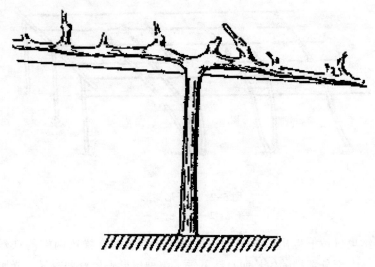

图5-3 单干双臂树形

(二) 幼树整形的方法

1. 多主蔓自然扇形树的整形 (图5-5)

定植时, 根据枝条的粗细每株留3~5个芽短截。在定植后第一年, 从地面附近可培养出3~4根新梢作为主蔓, 秋季落叶后, 将其中较粗的1~2根1年生枝留50~80厘米短截, 而较细的1~2根留2~3芽进行短截。

到第二年, 上年长留的一年生枝, 当年可抽出几根新梢, 秋季落叶后选留枝端较粗壮的一年生枝作为延长蔓进行长梢修剪, 其余的留2~3芽短截, 用来培养枝组, 从而形成1~2个主蔓。而上年短截的枝条, 到第二年可以长出1~2根较长的新枝, 秋季落叶后选其中一根较粗的作为第二或第三主蔓培养, 对其进行长梢修剪。

进入第三年后, 按上述原则培养形成第二或第三主蔓, 而第二年形成的主蔓在第三年继续向上延伸到规定的标准即可。第一年主蔓达到3~4个枝组时, 树形基本完成 (图5-5)。常规篱架扇形树

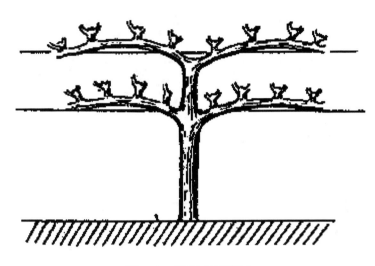

图 5-4　"干"字形树形

的整形需 3~4 年时间。在实际生产中，通过夏季摘心和对副梢的利用，也可以使整形年限适当缩短。

2. 单干双臂树形的整形（图 5-6）

苗木定植后，当年发生的新梢，选择健壮的新梢，只留一个作为延长枝，培养主干，其余萌发的芽眼全部去掉。在主干生长的过程中，一定要保证主干生长的直立性。主干生长到 1~1.2 米时，摘心，留两个副梢，用来培养双臂，其余的副梢全部去掉。副梢萌发后，将它们分向两边，重新沿铁丝方向向两边引缚，随着新梢的生长延伸，及时地引缚，引缚的位置不要距离新梢太近，以免影响新梢的生长。当相邻的两植株生长交叉时，及时地摘心。当年冬季，根据所留枝条的粗度进行修剪，剪口粗度要达到 1 厘米左右。若枝条粗壮，则可在相邻两植株之间进行修剪，修剪的间距为 10厘米左右；若枝条细弱，则适合于短截，或在靠近主干处选一个卜

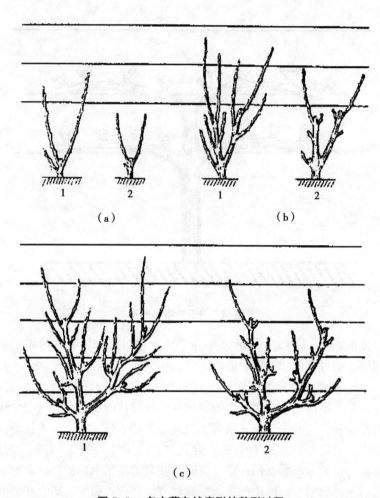

图 5-5　多主蔓自然扇形的整形过程
1—修剪前；2—修剪后
（a）第一年秋；（b）第二年秋；（c）第三年秋

芽短截，下年继续培养另一个臂。主干上除两个臂之外的其他侧枝
一律疏除，两个臂上一般在第一年不留短枝，但如果臂生长的较

好，可以达到 1 厘米的粗度，则可以留少数枝条，进行重短截。如果两个臂已经达到规定的长度，可以将其拉平，并绑缚在铁丝上。

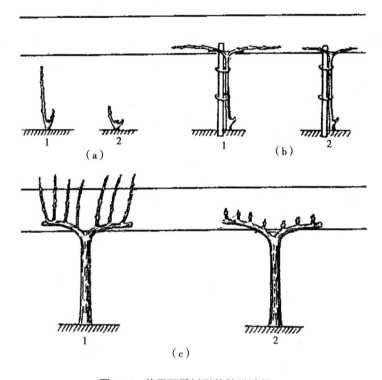

图 5-6　单干双臂树形的整形过程

1—修剪前；2—修剪后

（a）第一年秋；（b）第二年秋；（c）第三年秋

第二年植株开始生长时，抹掉臂上萌发的下芽，留上芽，上芽之间的间距为 10～20 厘米，同时去除主干上的萌蘖。若当年结果较多，则应当适当疏除。新梢生长到第二道铁丝时，绑缚，以防止结果蔓的反转，另外，在我国北方，还可以起到防风的作用。当年冬季的修剪方法为：在臂上，每隔 10～20 厘米留一个枝条进行短截（留2~4芽），其余的枝条全部疏除。

进入第三年，在生长季节要注意双臂的生长势，及时去掉双臂上的徒长枝，到冬季修剪时，进行短梢修剪，树形的培养到此已经完成（图5-6）。

土肥水条件较好的地区，加上良好的管理措施，植株生长势较强的，在两年即可完成树形的培养。"高、宽、垂"树形的培养与此相同。

3. 龙干树形的整形（图5-7）

对当年定植的苗木，留1~2个健壮的新梢，将其引缚向上，其余的新梢全部抹去。主梢（未来的龙干）上的副梢，基部30厘米以内的全部抹去，上部的副梢留2~4片叶摘心，所有的2次副梢均留1~3片叶摘心。当主梢生长至2米以上时，对其进行摘心，以促进枝条的充分成熟。冬季修剪时，此枝长留，剪口的枝条粗度保持在1厘米左右为宜，一般一年可以留1.5~2.5米。

第二年，上年修剪留下的长枝本身就是良好的结果枝，所以第二年即可结果。在冬季修剪时，除顶端延长枝仍然长留，使龙干继续在棚面上延伸外，其余的一年生枝条一律留1~2芽短截。

以后逐年的修剪手法基本与第二年相同，这样，到第三年冬季修剪后，完成了龙干形的整形，并进入了结果盛期（图5-7）。

特别要指出的是，在我国东北、西北、华北等一些冬季埋土防寒地区，为了埋土、出土的方便，在培养龙干时，要注意龙干与地面的夹角，特别是基部30厘米左右这一段，与地面的夹角要尽量小，一般控制在20°以下。

三、冬季修剪

冬季修剪方法和注意事项。

（一）修剪的基本方法

（1）短截。就是一年生枝剪去一段，留下一段的剪枝方法。

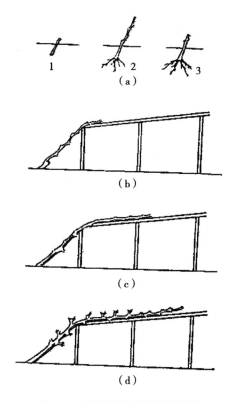

图 5-7　独龙干树形的整形过程

1—春；2—秋；3—修剪后

（a）第一年；（b）第二年冬剪后；（c）第三年冬剪后；（d）第四年冬剪后

短截可分为极短梢修剪（留一芽）、短梢修剪（留 2 ~ 3 芽）、中梢修剪（4 ~ 6 芽）、长梢修剪（7 ~ 10 芽）和极长梢修剪（11 芽以上）。

短截的作用：减少结果母枝上过多的芽眼，对剩下的芽眼有促进萌发和生长的作用；把优质的芽眼留在合适部位，萌发出最好的结果枝和更新发育枝；根据整形和结果的需要，进行新梢密度和结果部位的调整。

短截是冬季修剪的主要手法，根据短截的轻重，可以分为长梢修剪、中梢修剪和短梢修剪三种不同的修剪方式。

（2）疏剪。把整个枝条（一年生或多年生）从基部剪除的修剪方法。疏剪的主要作用是：去除过密的枝条，改善植株的光照条件和营养物质的合理分配；去除衰老枝条，留下健壮枝条，保持植株的生长势；去除徒长枝，留下健壮的中庸枝，均衡树势；去除病虫枝，防止病虫害的发生和蔓延。

（3）缩剪。把二年生以上的枝条剪去一段的修剪方法。其主要作用为：促进枝蔓的更新，防止结果部位的转移，改善光照条件和均衡树势。

以上三种基本的修剪方法（图5-8），以短截法应用最多。

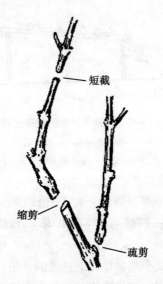

图5-8　葡萄修剪的三种方法

（二）枝蔓的更新

1. 结果母枝的更新

为避免结果部位的逐年上移所造成植株中、下部位的光秃，应进行结果母枝的更新，修剪的主要方法如下。

双枝更新：结果母枝按所需长度修剪，将其下面邻近的成熟新梢留2芽短截，作为预备枝。预备枝在翌年冬季修剪时，上一枝留作新的结果母枝，下一枝再进行极短截，使其形成新的预备枝；原结果母枝于当年冬剪时被回缩掉［图5-9（a）］。以后逐年采用这种方法依次进行。双枝更新要注意预备枝和结果母枝的选留，结果母枝一定要选留那些发育健壮充实的枝条，而预备枝应处于结果母枝的下部，以免结果部位下移。

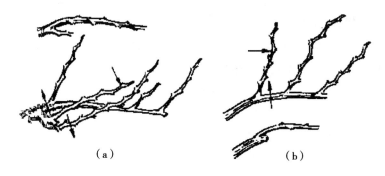

（a）　　　　　　　　　　　　　（b）

图5-9　结果母枝的更新

（a）双枝更新；（b）单枝更新

单枝更新：冬季修剪时不留预备枝，只留结果母枝（图5-9b）。次年萌芽后，选择下部良好的新梢，培养为结果母枝，冬季修剪时仅剪留枝条的下部。单枝更新的母枝剪留不能过长，一般应采取短梢修剪，不使结果部位外移。

2. 多年生枝蔓的更新

经过多年的修剪，多年生枝蔓上的"伤疤"增多，影响输导组织的畅通；对于过分轻剪的葡萄园，下部出现光秃，结果部位外移，造成新梢细弱，果穗果粒变小，产品质量下降，出现以上的几种情况，就需要对一些大的主蔓或侧枝进行更新。

大更新　从基部除去主蔓，进行更新的称为大更新。在大更新以前应培养出一个代替原来枝蔓的新枝，使其成为新主蔓枝。

小更新　对侧枝蔓的更新称为小更新。一般在肥水条件差的情况下，侧蔓 4~6 年更新一次，一般采用回缩修剪的方法。

(三) 冬季修剪的步骤及注意事项

1. 修剪步骤

可用四个字概括，即一"看"、二"疏"、三"截"、四"查"，具体的做法如下。

看：即修剪前的调查分析。要看品种，看树形，看架式，看树势，看与邻株之间的关系，大体确定修剪量的标准。

疏：指疏去病虫枝、细弱枝、枯枝、过密枝、需局部更新的衰弱主、侧蔓以及无利用价值的萌蘖枝。

截：根据修剪量的标准，确定适当的母枝留量，对一年生枝进行短截。

查：经修剪后，检查一下是否有漏剪、错剪。

总之，看是前提，做到心中有数，防止无目的修剪。疏是主要的手法。截是加工，决定每个枝条的留芽量。查是结尾。

2. 修剪的注意事项

剪口：剪截一年生枝条时，剪口要高出枝条节部的 3~4 厘米，剪口向芽的对面倾斜，保证剪口芽的正常萌发和生长。在节间较短的情况下，剪口可以放在上部的芽眼上。

疏枝：疏枝时，剪口不要剪的太靠近母枝，以免冬季寒冷造成枝条的干枯。

老蔓的处理：去除老蔓时，锯口应平整，利于愈合。不同年份的修剪伤口，尽量留在主蔓的一侧，以免造成对口伤。

四、夏季修剪

（一）枝蔓和新梢的引缚

对于冬季不埋土防寒的葡萄产区，冬季修剪后，枝蔓应随即引缚在架面的铁丝上。当年新梢生长到一定长度时，一般为40厘米时，将其合理地引缚在架面的铁丝上。冬季需要埋土防寒的产区，这些工作应在春季葡萄出土后进行。

无论是骨干枝蔓或是新梢的引缚形式均可分为三种：垂直引缚、倾斜引缚和水平引缚。这三种引缚形式的效应和作用有所不同。垂直引缚，树液流动旺盛，生长强、消耗多、积累少，抽发的新梢粗而节间长，甚至徒长；倾斜引缚时，枝条发育中强，节间稍短，对开花有利；水平引缚有利于缓和生长势，新梢发育均匀。

骨干枝蔓的引缚要结合树形合理进行。要求枝条分布均匀，同时对一些长的结果母枝常引缚成水平或弧形，以缓和生长势。

新梢引缚一般在开花坐果后进行，凡是先端弯曲下垂的新梢，均要及时向上引缚。

（二）抹芽和定枝（见后面章节）

（三）新梢摘心和副梢处理

新梢摘心和副梢处理是葡萄夏季修剪管理的重要内容。

新梢摘心是把主梢嫩尖和数片幼叶一起摘去。它可以暂时终止该梢的延长生长，减少梢尖和幼叶对养分、水分的消耗。对结果枝来说，摘心可以改善花序或果穗的营养。

副梢处理是指把夏芽或冬芽副梢抹去或留叶摘心。副梢处理可以把养分转移到花序或果穗，使开花坐果良好，提高产量和改善果实品质。

1. 结果枝摘心

结果枝摘心，主要用于因养分竞争而容易出现严重落花落果的品种。为了防止过度的落花落果，摘心时期十分关键，一般来说，摘心应在始花期到盛花期之间进行。

除了摘心时期以外，摘心的程度对摘心效果影响也极大。生产中为了方便起见，常以保留花序以上的叶片数多少，作为摘心程度的标准。一般摘心程度掌握在花序上保留 4~8 片叶。对生长势较强的结果枝可以适当地多留一些叶片，生长势弱的则留的相对较少，而生长很弱的结果枝一般不宜摘心。

有时也以新梢顶端叶片的大小作为摘心程度的标准，以摘心处叶片的叶面积为正常叶片面积的 1/3 为标准，而不论花序上留下多少叶片，摘心效果较好。

摘心程度除了考虑自身生长势的因素外，应当与摘心时期结合起来。一般说，摘心晚者，去掉的叶片数量较多，相对的摘心程度要重些。但是不论摘心早晚，其保留叶片数量应大致相当。

2. 发育枝摘心

对发育枝摘心主要考虑如下情况，决定其摘心的时期和程度。

（1）骨干枝蔓的培养。对准备培养为主蔓、侧蔓的发育枝，当其长度达到需要分枝的部位时，即可摘心，以用摘心口下的副梢适应整形要求。

（2）竞争枝。对结果母枝上的发育枝，当其生长过旺，影响到附近结果枝的生长时，可以进行不同程度的摘心，以控制生长。

（3）预备枝。对准备留作下一年结果母枝的发育枝，一般不进行早期摘心，而让其自由生长，只有当生长过长或架面无法容纳时，才对其摘心，以限制其延长生长；同时，也能促进留下的枝芽健壮充实。而对上年预备枝上长出的新梢，无论结果与否，都应该推迟摘心或不摘心，使其充分地生长发育。

3. 副梢的处理（见后面章节）

（四）剪梢和摘叶

剪梢是将新梢顶端过长部分剪去 30 厘米以上，其目的在于改善植株内部和下部的光照和通风条件，促使新梢和果穗能够更好更快地成熟。摘叶一般是在 6—7 月摘去果穗以下的老叶片，以使果穗自由悬垂，减少碰撞，保持果粉完好，有利于提高果实的外观品质。

剪梢要去掉大量的成龄叶片，对树势削弱较大。特别是当修剪过重或次数过多时，反而会降低果实品质，推迟成熟期，甚至还会影响下一年的产量。所以，剪梢时一定要注意每一果枝上仍需要保持正常生长和结果所必需的叶片数量。

摘叶也不能够过重，否则也会削弱树势，延迟果实成熟。

第二节 生长期的枝蔓管理

一、复剪和绑蔓

复剪 需复剪的两种情况：冬季修剪时由于技术劳力或其他原因，修剪未完全按要求进行，修剪的质量尚存在问题。出现这种情况，在春季出土后需进行复剪。

在冬季易发生冻害的地区，秋后修剪葡萄时只进行不同程度的预剪，留下较多的枝蔓防寒过冬，第2年出土后根据枝芽越冬后的存活状况，再对植株进行最后剪定。

复剪之前需要检查葡萄芽眼越冬情况，根据芽眼存活的百分率，来判断植株埋土过冬状况，并据此确定应保留的芽眼负载量。欧洲葡萄的许多品种，越冬后的死芽率常可达20%~50%，根据当年越冬后植株的具体情况来进行复剪，可以更好地保证产量。

复剪时除按冬季修剪要求外，还要注意剪除出土碰伤的枝蔓，去掉干枝，清除架上的残枝卷须等。

上架绑蔓 植株经过复剪后即可上架绑蔓。首先，要注意使枝蔓在架面上分布均匀，将各主蔓尽量按原来的生长方向绑缚在架上，保持各枝蔓间距离大致相等。如棚架上各龙干间距保持50~60厘米，尽量使其平行向前延伸。结果母枝的绑缚要特别注意，除了分布要均匀外，还应避免垂直引缚，以缓和枝条生长的极性，一般可呈 45°角引缚，长而强壮的结果母枝可偏向水平或呈弧形，以促进下部芽眼萌发和保持各新梢生长的均衡。

葡萄枝蔓绑缚可用塑料绳、马蔺、稻草、柳条等多种材料，绑缚时既要注意给枝条加粗生长留有余地，又要使枝蔓在架上牢固附着。通常采用"8"字形引缚，使枝条不直接紧靠铅丝，留有增粗的余地。

二、抹芽定梢

在芽已经萌动但是尚未展叶时，对萌芽进行选择去留即为抹芽。当新梢生长到 15~20 厘米时，已经能辨别出有无花序时，对新梢进行选择去留称为定枝。抹芽和定枝是进一步调整冬季修剪量于一个合理的水平上。

一般先发出的、扁平而肥胖的芽多半是结果枝，后发的、瘦小尖细的多半是发育枝。为了避免结果部位的迅速外移，使结果部位靠近主蔓，抹芽和定枝要尽可能利用靠近母枝茎部的芽和枝，必要时，也可以利用结果母枝基部和前端的枝芽，疏去中间枝、芽，这样有利于冬季修剪时，利用基部的枝进行回缩。

留用枝芽的部位必须有可供顺利生长的空间，要留用向外、向上生长的枝芽，不可留用夹在结果母枝和其他多年生枝蔓中间的枝芽。对没有生长点，发育不完全的要去掉，必要的潜伏芽发出的新梢加以利用。

抹芽和摘心必须及早进行，使得贮藏于体内的营养物与根部吸收的水分和养分更多地供应给留下的枝芽、花序的生长发育。另外，合理的留枝量，可以改善架面的通风透光条件，有利于光合作用和新梢枝芽的充实发育。

留枝多少比较灵活，除了考虑其他修剪因素外，一般应根据新梢在架面上的密度来确定留枝量。对于篱架、枝条平行引缚时，则单篱架上的枝距为 6~10 厘米，双篱架上的枝距为 10~15 厘米。而新梢下垂的管理方式，其留枝密度尚可以适当加大。

三、花序梳理和整形

葡萄的花穗有300~1 500朵小花，花序的管理工作应在开花前完成。在生产上，不宜在结果枝上先留几个花序，到坐果后再选优去劣，这样，将使营养分散，坐果率低，过多地消耗树体营养。

花序修整是防止掉粒、提高葡萄果品质量和标准化管理的重要措施。大穗型的品种，花序如果不进行修整，则容易造成果穗大，果粒多，在果粒生长发育过程中，由于果粒的膨大，很容易造成果粒的相互挤压，果粒腐烂，杂菌污染，果实商品性下降，严重时，果实丧失商品价值。另外，果穗太大，造成果实成熟期推迟、含糖量低、品质差、穗形不整和果实的包装运输的困难。通过花序的修整和果穗的管理，可以使果穗大小适中、松紧适度、形状美观、品质提高，极大地促进果粒的发育，形成高质量的果品。花序修整最好在开花前未使用生长调节剂的时间进行。花序修整的方法为：首先去掉副穗；主穗过长的，去掉穗尖；主穗过大的，还要去掉花序上部的大的分支花序。大粒品种，只要留下中部、下部的14~16个支穗足矣。留下的支穗，过长的，还要适度剪短。

四、副梢处理和利用

副梢处理的方法很多，通常采用的形式有以下几种。

（1）主梢摘心后，顶端留1个（生长势极强的可以留2个）副梢延长生长，此副梢留4~6片叶摘心，其上发出的2次副梢，仅留先端1个，并对其留3~5片叶摘心，其余的2次副梢均除去。对先端2次副梢上的各次副梢仅留1~2片叶摘心，或者完全除去。同时对主梢中、下部的其余副梢，有如下处理的方法：

①有的副梢均留1~2片叶摘心，2次副梢再留1~2片叶摘心，3次副梢全部摘除。这种处理方法有利于主梢冬芽的发育，适用于龙蔓干延长枝、生长旺及有较大的空间发育的新梢。

②夏芽副梢部分保留。通常是以花序以上的副梢留1~2叶反

复摘心，花序以下的副梢除去；对采用短梢修剪的植株，为了促进枝条基部冬芽的结实力，可以保留基部数节的副梢，留1~2芽摘心，而将其余副梢全部抹去；还有只保留花序附近1~2个副梢，留1~2个叶摘心，其余全部抹去，旨在为果实遮阴，防止日灼。

③夏芽副梢全部抹去。

（2）主梢摘心后，分次抹去所有副梢，逼迫主梢顶端冬芽萌发，再将冬芽副梢留4~6片叶反复摘心。该方法省工、简单，并且能够有效控制新梢生长，也能够大大促进坐果。

（3）副梢的单叶绝后处理。主梢摘心后，对每一副梢都留1叶摘心，同时将该叶的腋芽完全掐除，使其丧失发生2次副梢的能力。这样由副梢上所留下的1片叶的生长势很强，几乎能够接近主梢叶片的大小。因此，可以增加有效光合叶面积，但是比较费工。

五、果穗管理

坐果后，疏去坐果不好的和过多的果穗；果穗过密的，还要疏去1~2支穗；果穗过大、形状不良或小青粒等，也要适当进行修整。生产大粒、无核的葡萄，还要逐穗疏粒。坐果后，疏粒越早，增大果粒的效果就越明显。在有足够叶面积的条件下，幼果期进行生长调节剂处理和环剥，可进一步促进果粒的膨大。

第三节　花果管理

一、疏花疏果技术

因葡萄一花序中可有300~1 500个花朵，大部分花朵要在坐果期落掉，所以应去除一部分花蕾和花朵。葡萄疏花，一般是通过掐花序尖和花序整形来实现的。通常不是疏除单个的花，而是疏除花序中的各级穗轴分枝（小穗）。掐穗尖和花序整形以在花前一同进行为宜，一般在开花前5~10天进行，将发育差的弱小花序和分布密或位置不适当的花序疏掉，使养分集中供给保留下的优良花序。1个结果枝上常有1~2个花序，以留1个发育良好的花序为宜，一般强壮的结果枝可保留2穗，中庸结果枝留1穗，弱结果枝尽量不留花序，并掐穗尖。掐穗尖的程度，一般掐去花序长的1/5~1/4。掐穗尖后，不仅达到了疏除部分花朵的目的，而且还减少了果穗尖端易发生软尖或水罐子病的危险。然后对花序进行适当修整。对坐果率低、果穗疏散的品种如红提、巨峰等应在开花前4~6天剪去副穗和掐去穗尖一部分，以提高坐果率；坐果率高的品种，往往果粒拥挤，造成裂果和果粒成熟不一致，应在花后10~20天用尖头小剪子进行疏粒，以增大果粒、提高品质。

在经过掐穗尖和花序整形后，花序中坐果的果粒数一般减少很多，但有时为了生产果穗整齐、果粒硕大的葡萄，还要将过多的果粒除去。在着果后用手轻拍果穗，使部分幼果脱落，或大量灌水，使部分（往往小粒者多）的幼果脱落。要求疏果后，使单粒质量保持在10~20克，单穗质量保持在500~600克。最好在果实绿豆大小时进行第1次疏果，坐住果（果粒达黄豆大小时）后进行第2次疏果（定果）。疏果可与掐穗尖和花序整形配合进行。

二、生长调节剂应用

（一）常用的生长调节剂

近几十年来，对植物激素和生长调节剂研究进展迅速。目前，植物体内产生的激素种类很多，有几十种之多，但分为生长素、赤霉素、细胞分裂素、脱落酸和乙烯五类激素；20世纪70年代又发现具有多种作用和强大活性的芸薹素内脂，并认为它可能是另类植物激素。这些激素在植物体内的各个组织和器官中存在，并对植物的整个生长发育过程起着十分重要的作用。植物激素被发现后，人们采用各种方法，生产出与植物激素有相似作用的化合物，这类物质统称为植物生长调节剂。

葡萄是植物生长调节剂应用较为广泛的作物种类之一。合理应用这些物质，对葡萄的生产可以起到极好的效果。在促进葡萄果粒膨大、增加产量、改进品质、保花保果、提高抗性和果实的耐贮藏运输性等方面，发挥了重要的作用。常用的生长调节剂有如下种类（表5-1）。

表5-1　葡萄果粒膨大常用的生长调节剂

名称	英文简称	作用	使用浓度
吲哚乙酸	IAA	促进细胞分裂和生长	20~1 000毫克/千克
吲哚丁酸	IBA	同上	同上
萘乙酸	NAA	同上	同上
赤霉素（赤霉酸）	GAs（GA₃）	拉长细胞，促进细胞的膨大	10~500毫克/千克
促生灵	4-CPA	促进细胞分裂和生长	10~15毫克/千克
细胞分裂素	BA、KT-30、CPPU	促进细胞的分裂和膨大	10毫克/千克
青鲜素	MH		60毫克/千克
生长抑制剂 矮壮素、比久、多效唑	CCC、B₉、PP333	植物生长延缓，主要抑制植物体内赤霉素和生长素的合成	10~25毫克/千克

（二）无核葡萄果实膨大处理技术

在促进无核葡萄膨大的生长调节剂中，最常用的是赤霉素，配合其他生长调节剂的应用，可以显著地提高无核葡萄的坐果率，显著增大果实。现介绍几种无核葡萄果实膨大处理技术。

1. 赤霉素处理

单用赤霉素处理，可以分为两种处理方法。第一种方法为花前和花后两次处理，具体方法为：第一次处理在花前7天进行，使用浓度为50~100毫克/千克，主要作用为拉长果穗，提高坐果率。处理过早，则花序过度伸长，果粒着生松散，处理过晚，无效果。第二次处理时间以花后7~15天完成，最晚要在20天内处理结束，二次处理的作用主要是促使果粒的膨大，处理的适宜浓度为50~

100 毫克/千克。处理的方法为蘸穗或喷施，在喷施时，应注意一定要均匀地喷洒在果粒表面，防止畸形果的发生。在配制赤霉素液的过程中，可以加入 0.3%~0.5% 的土温，以利于赤霉素液的蘸着能力，提高处理效果。第二种方法为花期和坐果后两次处理，对于花前处理副作用较大的品种，如红宝石无核等，作用效果较好，减少了花前处理的副作用，保证果粒的发育。处理的具体方法为：在始花期到盛花期之间，用 10~30 毫克/千克的赤霉素蘸穗。花后10~15 天，用 25~50 毫克/千克的赤霉素处理。可以获得很好的果粒膨大效果。

2. 赤霉素附加其他生长调节剂处理

为提高处理无核葡萄的综合效果，如提高坐果率、增大果粒、改进品质、减轻穗轴的硬化等，在处理无核葡萄果穗时，同时还要添加其他生长调节剂。如上述处理方法，在第二次处理中，可以在赤霉素液中加入 5~10 毫克/千克的 BA、KT-30、CPPU 等，可以显著地提高果粒膨大效果。对于赤霉素处理，穗轴严重膨大畸形的品种，可以加入 10 毫克/千克的 4-CPA，可以显著地降低处理后的穗轴畸形的副作用。另外，一些常用的生长调节剂，如矮壮素（CCC）、多效唑（PP333）、比久（B_9）等配合赤霉素和其他生长调节剂的使用，会在各个方面起到很好的作用。在赤霉素处理过程中，加入细胞分裂素，可以显著提高果粒中细胞的个数，起到膨大果粒的目的。现在市场上销售的无核葡萄膨大剂，一般都是由各种生长调节剂经过复配而成，如中国农业科学院郑州果树研究所的"葡萄三高素"等。

3. 生长调节剂处理和栽培措施的协同作用

植物生长调节剂处理，并不能代替栽培措施的作用，单纯依靠生长调节剂，不但不会带来高产高效，有时会造成葡萄的畸形发展，造成果实品质下降、畸形果增多，严重时无商品果的产出。获得无核葡萄的丰产和丰收，是建立在栽培技术和生长调节剂共同作用的基础上的，严格来讲，栽培技术措施比生长调节剂的作用更大一些。因此，在用生长调节剂处理后，由于果粒的膨大，需要的营养物质更多，应加强土肥水的管理和植株管理。如加强土壤肥力、培养较多的辅养枝、修剪手法较重一些等。及时浇水、施肥，补充树体营养和水分。

(三) 应用生长调节剂的注意事项

（1）重视栽培技术。植物生长调节剂不是营养物质，也不是灵丹妙药。葡萄的高产、优质、高效的获得，必须建立在合理的栽培技术和管理上。

（2）准确地选定使用时期。不同时期使用植物生长调节剂，不仅效果不同，而且可能造成无效，甚至有副作用产生。

（3）适当的浓度和次数。不同的植物生长调节剂，其应用范围不同，效果持续时间不同。因此，要合理地使用，在使用浓度和次数上要根据树体状况和环境条件等因素来定。

（4）注意残毒。常用的植物生长调节剂毒性低，经过雨水的冲刷和降解作用，一般在果实中残留极少，较为安全。一些有剧毒或不能被降解的植物生长调节剂，禁止使用。

三、果实套袋技术

果穗套袋是保证果穗外形美观和洁净的重要措施，不但可以防止日灼、病害、虫害、鸟、果蝇等对果穗的伤害，还有利于防止农药污染和减轻裂果。生产出的葡萄果品色泽良好，果粉保存完整，充分体现品种的自然美。

葡萄套袋一般在果穗整理后进行。套袋前，先喷一次杀菌剂，如多菌灵、百菌清等广谱性杀菌剂，待药液干后即可进行套袋。葡萄袋一般采用纸质袋，可以自己制作，或购买专门用于葡萄的商品袋。葡萄纸袋的长度为35~40厘米，宽20~25厘米，具体长度和宽度可以根据果穗的大小来定。袋子三面要密封或粘合，下方留两个透气孔。套袋时将纸袋张开，小心地将果穗套进袋内，然后，将袋口小心地绑在果柄着生的结果枝上。套袋后，进行田间管理时要注意，尽量不要碰到果穗部位。有色品种在采收前应先将袋子去掉，以充分着色。采收时，将果穗和袋子同时取下来。

第四节 土肥水管理

一、土壤管理

土壤管理包括：深翻，中耕除草，土壤覆盖，清耕，间作，种草以及改良土壤等。

（一）深翻

葡萄根系深，土层的深浅与葡萄的生长结果有密切的关系。深翻能促发新根的形成，增强根系吸收土壤养分的能力；促使植株枝条生长健壮，有利于花芽的形成和产量的提高。深翻的时期和深度：主要在采果后结合秋施基肥进行。要根据土壤质地进行深翻。

（二）中耕除草

在葡萄的生长期间，由于人为条件或自然条件造成的土壤板结不利于根系的生长和植株的发育，因此，在植株的生长期间，要多次进行中耕，保持土壤疏松透气，同时也起到除草、保墒的作用。除草的方法除了中耕除草以外，还有化学药剂除草。除草剂的种类很多，有在土壤表面喷施的，也有直接喷施到杂草的茎、叶上的。根据不同的喷施方法介绍以下几种。

（1）草甘膦。对人畜低毒，安全，对多年生宿根杂草有明显的作用。

（2）利谷隆。对人畜低毒，安全，主要破坏杂草的光合作用而导致杂草的死亡。

（3）乙草胺。对人畜低毒，安全，是一种广谱性的除草剂。

（三）土壤覆盖

有麦、稻秸秆或草覆盖和塑料薄膜覆盖两种方法。

塑料薄膜覆盖：这是一种常用的方法，具有提高早春地温，保墒防旱，抑制消灭杂草，促使根系生长，还能促使土壤有机质分解等优点。覆盖时期：在南方，12月开始覆盖，在黄河以北地区早春2—3月整地后进行。

麦、稻秸秆或草覆盖：由于覆盖的时期不同，既可以提高地温，也可以降低地温。在南方高温地区，夏季覆草可以降低地温，有利于根系生长。

（四）间作、种草

在幼龄葡萄行间种植豆类作物、蔬菜和耐阴药用植物，可以充分利用土地空间，增加经济收入。但沿葡萄行两侧需保持50~100厘米的清耕带，以免影响葡萄的生长发育。种草可以养地增肥，增加土壤有机质。

（五）改良酸性土壤

长江以南地区的红、黄壤质地黏重，酸性强，缺乏有机质，肥力差。需要通过土壤改良降低土壤酸性。根据土壤酸碱度的不同，石灰的用量也不同，具体的石灰用量如表5-2所示。

表5-2　酸性土壤使用石灰数量　　单位：克/平方米

土壤	酸度（pH值）				
	< 4	4.0~4.5	4.6~5.0	5.1~5.5	5.6~6.0
沙壤泥炭沼泽土	550~700	350~400	200~300	100~150	—
轻壤土	650~800	450~550	300~400	200~250	100~150
中壤土	800~900	550~650	400~500	300~350	150~250
重壤土	950~1 050	650~750	500~600	400~450	250~300

二、营养与施肥

（一）施肥时期

1. 确定施肥时期的依据

葡萄需肥时期与物候期有关。养分首先满足生命活动最旺盛的器官，生长中心也就是养分的分配中心。葡萄主要的生长中心有开花、坐果、幼果膨大、花芽分化等时期。

2. 掌握土壤中营养元素和水分变化规律

土壤中营养元素的含量与葡萄园的耕作制度有关。清耕园一般春季含氮少，夏季有所增加，钾的含量与氮相似；磷的含量春季多，夏秋季少。因此应根据不同时期的肥料含量决定施肥的时期和多少。

3. 基肥和追肥施用时期

（1）基肥。以有机肥料为主。一般在秋季果实采收后立即施用效果较好。可以每隔一年施用一次，有条件的地方可以每年施用。

（2）追肥。追肥又叫补肥，追肥的次数和时期与气候、土质、树龄有关。高温多雨或沙质土追肥次数可多些；幼树追肥次数宜少，随树龄增长，结果量增多长势减缓时，追肥次数要逐渐增多，以调节生长和结果的矛盾。生产上对成年结果树一般每年追肥约2~4次。主要的追肥时期有：

花前追肥。葡萄萌芽、开花需消耗大量的营养物质。在早春植株的吸收能力较差，主要消耗树体养分，若树体的养分过少会导致大量落花落果，影响营养生长，对树体不利，所以要特别注意花前施肥。

花后施肥。花后幼果和新梢迅速生长要消耗大量的氮肥，此次施肥可以促进新梢正常生长，扩大叶面积，提高光合效能，减少生理落果。一般的花前和花后施肥可以相互补充，如果花前施肥量大，花后也可不施。

幼果发育和花芽分化期施肥。在此生长期，部分新梢停止生长，花芽正在分化，追肥既可保证当年产量，又为来年结果打下良好的基础，对克服大小年结果也有良好的效果。此次追肥要注意氮、磷、钾的配合。使用复合肥料还可使植株的病害显著减轻。

果实生长后期追肥。这次追肥主要解决大量结果造成树体营养亏缺和花芽分化的矛盾，晚熟品种后期追肥更为重要。

（二）施肥量

葡萄的需肥量因数量、品种、产量、土壤和肥料的种类而不同。计算施肥量前应先测出葡萄各器官每年从土壤中吸收各营养元素量，计算公式如下：

$$施肥量 = \frac{果树吸收肥料元素量 - 土壤供给量}{肥料利用率}$$

（三）施肥方法

1. 土壤施肥

土壤施肥必须根据根系分布特点，将肥料施在根分布层内，便于根系吸收。追肥因为是速效性养分，在葡萄急需前施肥的情况下，增产效果显著。不同的肥料追施深度也不一样，常用的追施方法如下。

（1）环沟施肥。又叫做轮状施肥。方法为：在主干外围 30～50 厘米处挖深、宽各 20～30 厘米的环状沟。这种方法操作简单，经济用肥；但是，在挖沟的过程中容易把水平根切断，并且施肥的范围较小，一般多用于幼树的施肥（图 5-10）。

（2）辐射沟施肥。在离主干 30～50 厘米处，向四方各开一条由浅到深的沟，长度依株、行距而定。这种方法伤根较少，但是，在挖沟的时候也要躲开主根，可以每隔 1～2 年更换放射沟的位置施肥一次（图 5-10）。

（3）条沟施肥。在行间、株间或隔行用人工或机械开沟施肥，也可结合深翻进行（图 5-10）。

（4）全园施肥。成年树或密植园，当根系已布满全园时，将肥料均匀撒入园内再翻入土中。但是，因施肥较浅，常导致根系上移，降低根系抗逆性。

（5）灌溉式施肥。在进行浇水的时候随水施肥。用这种方法施肥，肥力分布均匀，不破坏耕作层土壤结构，肥料利用率高，成本低，尤其对山地、坡地的成年园和密植园更为合适。

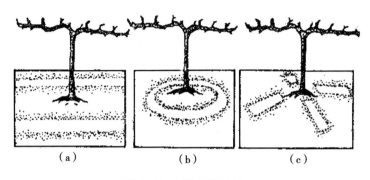

图5-10　三种施肥方法

（a）条沟施肥；（b）坯沟施肥；（c）辐射沟施肥

2. 根外追肥

又称叶面施肥，将肥料溶入水中，稀释到一定的浓度（0.05%~0.3%）后直接喷于植株上，通过叶片、嫩梢及幼果等绿色部分进入植物体内。优点：经济、省工、肥效快，不受营养分配中心的影响，避免与其他肥料的肥效相冲突。根外追肥要注意天气的变化。在夏季炎热的时候，最好在10：00以前和16：00以后进行，以免喷施后水分蒸发过快，影响叶面吸收和发生药害；雨前也不宜喷施，以免使肥料流失。

三、灌溉

（一）灌水时期

灌水的时期一般在生长前期，要求水分供应充足，有利于生长与结果；生长后期要控制水分，保证及时停止生长，使葡萄进入休眠期，做好越冬准备。主要有以下几个灌水时期。

（1）发芽前后到开花期。在这一时期，土壤水分一定要充足，加强新梢的生长，增大叶面积，加强光合作用，使开花和结果正常。可使土壤湿度保持在田间持水量的75%左右。

（2）新梢生长和幼果膨大期。这一时期为葡萄的需水临界期。新梢生长最旺盛，根系对水分和营养状况最敏感。如水分不足，叶片和幼果争夺水分的结果，常使幼果脱落，严重时导致根尖区的根毛死亡，地上部生长明显减弱，产量显著下降。土壤的湿度应保持在田间持水量的75%~85%。

（3）果实迅速膨大期。这一时期既是果实迅速膨大期，也是花芽大量分化期，及时灌水对果实发育和花芽分化有重要意义。土壤湿度应保持在田间持水量的70%~80%。

（4）采果后及休眠期。结合秋季深翻施肥灌水，有助于肥料的分解和根系吸收，为翌春的生长创造良好的条件。寒地在土壤结冻前灌一次封冻水，对越冬十分有利。

（二）灌水量

最适宜的灌水量，应在一次灌溉中使葡萄根系分布范围内的土壤湿度达到最有利于植株生长发育的程度。要强调一次浇透，达到浸湿土层1米左右。

葡萄在不同的生长期需要适宜的土壤持水量为65%~85%，各次的灌水量可根据下述公式计算：

灌水量（立方米）=灌溉面积（平方米）×土壤容重×土壤浸湿深度（米）×（田间持水量-灌前土壤湿度）

例如：灌溉10亩的葡萄园，使1米深度的土壤湿度达到田间持水量，某种土壤的田间持水量为23%，土壤容重为1.25，灌溉前根系分布层的土壤湿度为15%，灌水量为：

灌水量=10×666.67平方米×1.0米×1.25×（0.23-0.15）=666.67立方米

灌溉前的土壤湿度在灌溉前测量，其他可以每年测量一次。各种土壤的持水量、水分当量、萎蔫系数及溶剂情况见表5-3。

表 5-3　各种土壤的持水量、水分当量、萎蔫系数及容重

土壤种类	持水量（%）	适宜持水量（%）	水分当量	萎蔫系数	容重
细沙土	28.8	17.3~23.0	5.0	2.7	1.74
沙壤土	36.7	22.8~29.0	10.0	5.4	1.62
壤土	52.3	31.4~41.8	20.0	10.8	1.48
黏壤土	60.2	36.1~48.2	25.0	13.5	1.40
黏土	71.2	42.7~57.0	32.0	17.3	1.38

（三）灌水方法

1. 沟灌

在葡萄的行间开沟，深 20~25 厘米，宽 40~50 厘米，并与灌溉水道垂直。行距 2 米的成年葡萄园在两行之间开一条沟即可，灌溉完毕将沟填平（图 5-11）。因灌溉水经沟底和沟壁渗入土中，对全园土壤浸湿较均匀，因而水分蒸发量与流失量较少，经济用水，防止土壤结构破坏。所以沟灌是地面灌溉的一种较合理的节水方法。

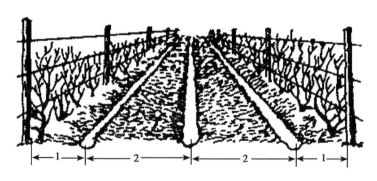

图 5-11　葡萄园沟灌（单位：米）

2. 穴灌

在主干周围挖穴，将水灌入其中，以灌满为度。穴的数量依树

龄大小而定，一般为 4~8 个，直径 30 厘米左右穴深以不伤根为准。灌溉后将土还原。穴灌用水经济，浸湿根系范围的土壤较宽而均匀，不会引起土壤板结。

3. 滴灌

是"滴水灌溉"的简称。是利用其灌溉系统设备，把灌溉水或溶于水中的化肥溶液加压（或地形自然落差）、过滤，通过各级管道输送到果园，再通过滴头将水以水滴形式不断地湿润果树根系主要分布区的土壤，使其经常保持在适宜果树生长的最佳含水状态，从而达到优质高产的目的。

（1）滴灌系统的工程与主要设备。

①水源工程。有小水库、池塘、抽水站、蓄水池等。

②滴灌系统。把灌溉水从水源输送到果树根部的全部设备，如抽水装置，化肥注入器、过滤器、流量调节阀、调压阀、水表、滴头及管道系统等称为滴灌系统（图 5-12）。

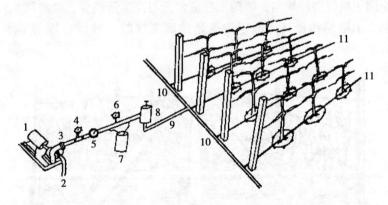

图 5-12　葡萄园滴灌系统示意图

1—电动机；2—吸水管；3—水泵；4—流量调节阀；5—水表；6—调压阀；7—化肥罐；8—过滤器；9—干管；10—支管；11—毛管

管道系统由干管、支管和毛管组成。干管和支管应根据葡萄园地形、地势和水源状况布置。毛管顺行沿树干铺设，长度应控制在

80~120厘米。

滴头是灌溉系统的关键，有几种类型，普遍应用的是微管滴头，内径有0.95毫米、1.2毫米和1.5毫米。干管和支管应根据葡萄园地形、地势和水源情况进行布置。丘陵地区，干管应布置在较高的地方，沿等高线进行铺设，支管应垂直于等高线铺设，向毛细管供水。在葡萄园比较平整的地区，干管应铺设在葡萄园的中部。毛细管沿行向铺设，长度控制80~120米。滴头是滴灌系统的关键，较为常用的是微管滴头。滴头安装在葡萄主干周围，数量根据定植的株、行距来定，一般每株安装滴头2个以上。

（2）滴灌的优点。

①节约用水。试验表明，滴灌比喷灌用水量少一半左右，在气温高、干旱的地区，滴灌的节水效果较为显著。

②提高产量。滴灌能经常对根域土壤供水，使根系处于良好的需水状态。据实验，当滴灌使土壤持水量保持在70%~80%，葡萄根系比对照增重13%~22%。由于植株根系发育良好，新梢生长健壮，因而滴灌可提高葡萄产量30%~80%。如果滴灌结合施肥，还能发挥更大的作用。

③适应地域广。滴灌适用于平原、山区、沙漠、盐碱地。滴灌时水分不向深层渗漏，因而土壤底层的盐分或含盐的地下水不会上升并积累至地表，所以不会产生次生盐碱地。

（3）滴灌的主要缺点。需要管材较多，投资较大；管道和滴头容易堵塞，严格要求良好的过滤设备；滴灌不能调节小气候，不适用于结冻期间。

4. 渗灌

（1）渗灌系统的设置。渗灌工程主要有蓄水池、阀门和渗水管。根据灌溉面积的大小，管道可分设干、支、毛管三级。5~10亩的葡萄园，须修建一个半径1.5米，高2米，容水量13吨左右的圆形蓄水池和一级渗水管。塑料渗水管长100米，直径2厘米。每隔40厘米在渗水管的左、右两侧各打一个（共二个）针头人的渗水孔。每个渗水管上安装过滤网，以防堵塞管道。行距 2~3 米的葡萄园，在每行中间铺设，深埋 40 厘米。

（2）渗灌的优点。投资少，省水，提高果实和产品的质量。

5. 喷灌

喷灌比传统的地面灌溉有许多优点，但因受果树树冠高大和株行距的限制，喷灌在果园中应用很少。

第六章 葡萄设施栽培

第一节 葡萄促成栽培

一、促成栽培类型

葡萄促成栽培常用的设施类型是塑料大棚和日光温室。

(一) 塑料大棚

常见的塑料大棚是用竹木、钢材等材料支成拱形骨架，覆盖塑料薄膜而成。塑料大棚是寒地葡萄生产的新形式，同温室葡萄相比，具有投资少，效益高，设备简易，不受地点和条件限制等优点。目前生产上应用较多的是取材方便、造价便宜的竹木结构塑料大棚，很受农民群众的欢迎。

(二) 日光温室

日光温室或称薄膜温室，是由保温良好的单、双层北墙，东西两侧山墙和正面坡式倾斜骨架构成，骨架上覆盖塑料薄膜而形成一面坡式的薄膜屋面，薄膜上盖草帘或保温被保温。由于它是利用阳光照射的热量使室内升温，故称为日光温室或薄膜温室。

二、设施构建

设计与建造日光温室和塑料大棚时，最重要的参数包括采光参数和保温参数。

(一) 采光参数

建造方位、高度、跨度、采光屋面角、采光屋面形状、后坡仰

角和后坡水平投影长度及日光温室间距等是日光温室建造时重要的
采光参数；而塑料大棚建造时的采光参数主要包括建造方位和大棚
高度等。

1. 日光温室（塑料大棚）建造方位

日光温室建造方位以东西延长、坐北朝南，南偏东或南偏西最
大不超过10°为宜，且不宜与冬季盛行风向垂直。

建造方位偏东或偏西要根据当地气候条件和温室的主要生产季
节确定。一般来说，利用严冬季节进行生产的温室，如当地早上晴
天多，少雾，且气温不太低，可充分利用上午阳光，以抢阳为好。
这是因为葡萄上午的光合作用强度较高，建造方位南偏东，可提早
0~40分钟接受太阳的直射光，对葡萄的光合作用有利。但是，高
纬度地区冬季早晨外界气温较低，提早揭开草苫，温室内温度下降
较大。因此，北纬40°以北地区，如辽宁、吉林、黑龙江、河北北
部、新疆北部和内蒙古等地以及宁夏、西藏和青海等高原地区，为
保温而揭苫时间晚，日光温室建造方位南偏西，有利于延长午后的
光照蓄热时间，为夜间储备更多的热量，有利于提高日光温室的夜
间温度。北纬40°以南，早晨外界气温不是很低的地区，如山东、
北京、江苏、天津、河北南部、新疆南部和河南等地区，日光温室
建造方位可采用南偏东朝向。但若沿海或离水面近的地区，虽然温
度不是很低，但清晨多雾，光照不好，需采取正南或南偏西朝向。

塑料大棚建造方位以东西方向，南北延长，大棚长边与真北线
（子午线）平行为好。

若利用罗盘仪确定建造方位，需要进行矫正。这是因为罗盘仪
所指的正南是磁南而不是真南，真子午线（真南）与磁子午线之
间存在磁偏角，各地磁偏角见表6-1。

建造方位也可用标杆法确定。该方法简单易行，准确度高。具
体操作：在地面将标杆垂直立好，接近中午时，观测标杆的投影，
最短的投影方向为真南方向，把投影延长，就是真南真北延长线；
再用勾股法作真子午线的垂直线，便是真东西方向线。

表 6-1 不同地区的磁偏角

地名	磁偏角	地名	磁偏角	地名	磁偏角	地名	磁偏角
北京	5°50′（西）	合肥	3°52′（西）	沈阳	7°44′（西）	兰州	1°44′（西）
天津	5°30′（西）	银川	2°35′（西）	大连	6°35′（西）	长春	8°53′（西）
济南	5°01′（西）	许昌	3°40′（西）	太原	4°11′（西）	徐州	4°27′（西）
西安	2°29′（西）	哈尔滨	9°39′（西）	包头	4°03′（西）	西宁	1°22′（西）
南京	4°00′（西）	乌鲁木齐	2°44′（东）	郑州	3°50′（西）	武汉	2°54′（西）
呼和浩特	4°36′（西）	满洲里	8°40′（西）	拉萨	0°21′（西）	漠河	11°0′（西）

2. 日光温室（塑料大棚）高度

在日光温室和塑料大棚内，光照强度随高度变化明显。以棚膜为光源点，高度每下降 1 米，光照强度便降低 10%～20%。因此，日光温室和塑料大棚高度要适宜，并不是越高越好。日光温室一般以 2.8～4.0 米为宜，而塑料大棚一般以 2.5～3.5 米为宜。

3. 日光温室（塑料大棚）跨度

温室跨度等于温室采光屋面水平投影与后坡水平投影之和，影响着温室的光线截获量和土地利用率。跨度越大，截获的太阳直射光越多。但温室跨度过大，温室保温性能下降，且造价显著增加。

实践表明，在使用传统建筑材料、透明覆盖材料，并采用草苫保温的条件下，在暖温带的大部分地区（山东、山西南部、陕西、江苏、安徽北部、河南、河北、北京、天津和新疆南部等）建造日光温室，其跨度以 8 米左右为宜；暖温带的北部地区和中温带南部地区（辽宁、内蒙古南部、甘肃、宁夏、山西北部、新疆中部和东部等），跨度以 7 米左右为宜；在中温带北部地区和寒温带地区（吉林、新疆北部、黑龙江和内蒙古北部等）跨度以 6 米左右为宜。上述跨度有利于使日光温室同时具备造价低、高效节能和实现周年生产三大特性。

塑料大棚跨度和其高度有关。一般地区跨比（高度/跨度）以 0.25～0.3 最为适宜。因此，其跨度一般以 8～12 米为宜。

4. 日光温室（塑料大棚）长度

从便于管理且降低温室单位土地建筑成本和提高空间利用率考

虑，日光温室长度一般以 60~100 米为宜。塑料大棚主要从牢固性方面考虑，其长跨比（长度/跨度）以不小于 5 为宜，长度一般以40~80 米为宜。

5. 日光温室采光屋面角

日光温室采光屋面角根据合理采光时段理论确定，即要求日光温室在冬至前后每日要保持 4 小时以上的合理采光时间，即在当地冬至前后，保证 10 时至 14 时（地方时）太阳光对日光温室采光屋面的投射角均要大于 50°（太阳对日光温室采光屋面的入射角小于 40°）。

确定公式如下：

$$tg\alpha = tg\,(50°-h_{10})\,/cost_{10}$$
$$sinh_{10} = sin\varphi \cdot sin\delta + cos\varphi \cdot cos\delta \cdot cost_{10}$$

式中：h_{10}——冬至上午 10：00 时的太阳高度角；φ——地理纬度；δ——赤纬，即太阳所在的纬度；t_{10}——上午 10：00 时太阳的时角＊；α——合理采光时段屋面角（表 6-2、表 6-3）。

表 6-2　各季节的太阳赤纬 δ

季节	夏至	立夏	立秋	春分	秋分	立春	立冬	冬至
日/月	21/6	5/5	7/8	20/3	23/9	5/2	7/11	22/12
赤纬 δ	+23°27′	+16°20′		0°		-16°20′		-23°27′

我国的东北和西北地区冬季光照良好，日照率高。因此，日光温室的采光屋面角可在合理采光时段屋面角的基础上下调 3°~6°。

塑料大棚因为建造方位为南北延长，所以不存在合理采光屋面角确定的问题。

表 6-3　不同纬度地区的合理采光时段屋面角

北纬	h_{10}	α	北纬	h_{10}	α	北纬	h_{10}	α
30°	29.23°	23.65°	36°	24.09°	29.29°	42°	18.87°	34.89°
31°	28.38°	24.59°	37°	23.22°	30.23°	43°	17.99°	35.82°

北纬	h_{10}	α	北纬	h_{10}	α	北纬	h_{10}	α
32°	27.53°	25.53°	38°	22.35°	31.17°	44°	17.12°	36.74°
33°	26.67°	26.47°	39°	21.49°	32.10°	45°	16.24°	37.67°
34°	25.81°	27.42°	40°	20.61°	33.04°	46°	15.36°	38.58°
35°	24.95°	28.36°	41°	19.74°	33.97°	47°	14.48°	39.49°

＊时间角简称时角。它等于15×偏离正午的小时数，当地时间12：00的时角为0°；前后每隔1小时；增加360÷24＝15°；如10：00和14：00均为15×2＝30°；时角从中午12：00到午夜为正；从午夜到中午12：00为负

6. 日光温室（塑料大棚）采光屋面形状

温室采光屋面形状与温室采光性能密切相关。当温室的跨度和高度确定后，温室采光屋面形状就成为日光温室截获日光能量多少的决定性因素。平面形（A）、椭圆拱形（B）和圆拱形（C）屋面三者以圆拱形（C）屋面采光性能为最佳（图6-1）。

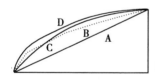

图6-1　日光温室和塑料大棚采光屋面形状
A. 平面形；B. 椭圆拱形；C. 圆拱形；D. "两弧一直线"曲直形

在圆拱形采光屋面的基础上，在不改变采光屋面角和温室高度的基础上将温室采光屋面形状由一段弧的圆拱形改为"两弧一直线"三段式曲直形，简称曲直形（D）（即上下两段弧，中间为两弧的切线），将温室主要采光屋面的采光效果大大改善。

与日光温室不同，塑料大棚采光屋面形状与大棚采光好坏关系不大。但与大棚稳定性密切相关。以流线形采光屋面的塑料大棚稳定性最佳。流线形采光屋面由以下公式确定（采光屋面曲线的原

点是地平线与棚面曲线左端的交点，见图 6-2）。

$$y=4h\,(L-x)\,x/L^2$$

式中：y——大棚流线形曲线的纵坐标；x——对应于相应 y 值的横坐标；h——大棚的矢高；L——大棚的跨度；h/L（高跨比，矢高与跨度之比）以 0.25~0.3 为宜；低于 0.25 会导致棚内外差值过大，棚内压强对膜举力增大；高于 0.3 时，棚面过陡而使风荷载增大两者均影响大棚的稳定性。

由上面公式确定的流线形采光屋面是最理想的曲线。但是，它的两侧太低，会严重影响栽培操作。因此根据实际情况对上述流线形采光屋面进行适当调整，得到三圆复合拱形流线形采光屋面。图 6-2 右图是三圆复合拱形流线形采光屋面的放样图。

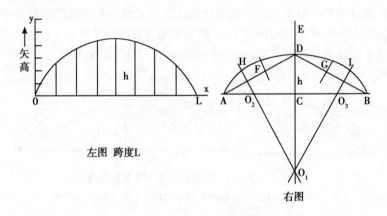

图 6-2　流线形采光屋面塑料大棚

①首先确定跨度 L（米），然后设定高跨比，一般取高跨比 $h/L = 0.25~0.3$；

②绘水平线和它的垂线，两者交于 C 点，点 C 是大棚跨度的中心点；

③将跨度 L 的两个端点对称于中点 C，定位在水平线上；

④确定高 h（$h=0.25L$），将长度由 C 点向上伸延到 D 点（CD=

h）；

⑤以 C 为原点，以 AC 为半径画圆交垂直轴线于 E 点；

⑥连接 AD 和 BD 形成两条辅助线，再以 D 为圆心，以 DE 为半径画圆，与辅助线相交于 F 和 G 点；

⑦过 AF 和 GB 线的中心分别作垂线交 EC 延长线于 O_1 点，同时与 AB 线相交于 O_2 和 O_3；

⑧以 O_1 为圆心，以 O_1D 为半径画弧线，分别交于 O_1O_2 和 O_1O_3 延长线的 H、I 点；

⑨分别以 O_2、O_3 为圆心，以 O_2A 和 O_3B 为半径画弧，分别于 H、I 点相交得到大棚基本圆拱形 AHDIB。

7. 日光温室后坡仰角

后坡仰角是指日光温室后坡面与水平面的夹角，其大小对日光温室的采光性能有一定的影响。后坡仰角大小应视日光温室的使用季节而定。在冬季生产时，尽可能使太阳直射光能照到日光温室后坡面内侧；在夏季生产时，则应避免太阳直射光照到后坡面内侧。

对后坡仰角，中国农业科学院果树研究所将以前的短后坡小仰角进行了调整。调整为长后坡高仰角（表6-4），后坡仰角以大于当地冬至正午太阳高度角15°~20°为宜，可以保证10月上旬至次年3月上旬之间正午前后后墙甚至后坡接受直射阳光，受光蓄热，大大改善了温室后部光照。

表6-4　不同纬度地区的合理后坡仰角

北纬	h_{12}	α	北纬	h_{12}	α	北纬	h_{12}	α
30°	36.5°	51.5°~56.5°	36°	30.5°	45.5°~50.5°	42°	24.5°	39.5°~44.5°
31°	35.5°	50.5°~55.5°	37°	29.5°	44.5°~49.5°	43°	23.5°	38.5°~43.5°
32°	34.5°	49.5°~54.5°	38°	28.5°	43.5°~48.5°	44°	22.5°	37.5°~42.5°
33°	33.5°	48.5°~53.5°	39°	27.5°	42.5°~47.5°	45°	21.5°	36.5°~41.5°
34°	32.5°	47.5°~52.5°	40°	26.5°	41.5°~46.5°	46°	20.5°	35.5°~40.5°
35°	31.5°	46.5°~51.5°	41°	25.5°	40.5°~45.5°	47°	19.5°	34.5°~39.5°

注：h_{12} 为冬至正午时刻的太阳高度角，α 为合理后坡仰角

8. 日光温室后坡水平投影长度

日光温室后坡长短直接影响日光温室的保温性能及其内部的光照情况。当日光温室后坡长时，日光温室的保温性能提高。但这样当太阳高度角较大时，就会出现温室后坡遮光现象，使日光温室北部出现大面积阴影。而且日光温室后坡长，其前屋面的采光面将减小，造成日光温室内部白天升温过慢。反之，当日光温室后坡面短时，日光温室内部采光较好。但保温性能却相应降低，形成日光温室白天升温快、夜间降温也快的情况。

实践表明，日光温室的后坡水平投影长度一般以 1.0~1.5 米为宜。

9. 日光温室（塑料大棚）间距

日光温室间距的确定原则：保证后排温室在冬至前后每日能有 6 小时以上的光照时间，即在 9：00 至 15：00，前排温室不对后排温室构成遮光。计算公式：

$$L = \left[(D_1 + D_2) / tgh_9 \right] \cdot cost_9 - (l_1 + l_2)$$

式中：L——前后排温室的间距；D_1——温室的脊高；D_2——草苫或保温被等保温材料卷的直径，通常取 0.5 米；h_9——冬至 9：00 时的太阳高度角；t_9——9：00 时的太阳时角，为 45°；l_1——后坡水平投影；l_2——后墙底宽。

塑料大棚间距一般东西以 3 米为宜，偏于通风透光。但对于冬春雪大的地区至少 4 米以上；南北间距以 5 米左右为宜（表6-5）。

表6-5　不同纬度地区合理日光温室间距

北纬	D_1（米）	h_9	L（米）	北纬	D_1（米）	h_9	L（米）	北纬	D_1（米）	h_9	L（米）
30°	3~4	21.24°	4.9~6.7	36°	3~4	16.88°	6.7~9.0	42°	3~4	12.42°	9.7~12.9
31°	3~4	20.51°	5.1~7.0	37°	3~4	16.13°	7.1~9.5	43°	3~4	11.67°	10.5~13.9
32°	3~4	19.79°	5.4~7.3	38°	3~4	15.40°	7.5~10.0	44°	3~4	10.92°	11.3~15.0
33°	3~4	19.07°	5.7~7.7	39°	3~4	14.66°	8.0~10.7	45°	3~4	10.17°	11.8~15.7

（续表）

北纬	D_1（米）	h_9	L（米）	北纬	D_1（米）	h_9	L（米）	北纬	D_1（米）	h_9	L（米）
34°	3~4	18.34°	6.0~8.1	40°	3~4	13.92°	8.5~11.3	46°	3~4	9.42°	12.9~17.2
35°	3~4	17.61°	6.3~8.5	41°	3~4	13.17°	9.1~12.1	47°	3~4	8.66°	14.2~18.9

10. 透明覆盖材料——塑料薄膜

目前生产上应用的塑料棚膜主要有聚乙烯棚膜、聚氯乙烯棚膜和乙烯—醋酸乙烯共聚物棚膜三大类。

（1）聚乙烯（PE）棚膜。具有密度小、吸尘少、无增塑剂渗出、无毒、透光率高等特点，是我国当前主要的棚膜品种。其缺点是保温性差，使用寿命短，不易黏接，不耐高温日晒（高温软化温度为 50℃）。要使聚乙烯棚膜性能更好，必须在聚乙烯树脂中加入许多助剂改变其性能，才能适合生产的要求。主要产品：

①PE 普通棚膜。它是在聚乙烯树脂中不添加任何助剂所生产的膜。最大的缺点是使用年限短，一般使用期为 4~6 个月。

②PE 防老化（长寿）膜。在 PE 树脂中按一定比例加入防老化助剂（如紫外线吸收剂、抗氧化剂等）吹塑成膜，可克服 PE 普通膜不耐高温日晒、不耐老化的缺点。目前我国生产的 PE 防老化棚膜可连续使用 12~24 个月，是目前设施栽培中使用较多的棚膜品种。

③PE 耐老化无滴膜（双防膜）。是在 PE 树脂中既加入防老化助剂（如紫外线吸收剂、抗氧化剂等），又加入流滴助剂（表面活性剂）等功能助剂吹塑成膜。该膜不仅使用时间长，而且可使露滴在膜面上失去亲水作用性，水珠向下滑动，从而增加透光性，是目前性能安全、适应性较广的棚膜品种。

④PE 保温膜。在 PE 树脂中加入保温助剂（如远红外线阻隔剂）吹塑成膜，能阻止设施内的远红外线（地面辐射）向大气中的长波辐射，从而把设施内吸收的热能阻挡在设施内，可提高保温

效果 1~2℃，在寒冷地区应用效果好。

⑤PE 多功能复合膜。在 PE 树脂中加入防老化助剂、保温助剂、流滴助剂等多种功能性助剂吹塑成膜。目前我国生产的该膜可连续使用 12~18 个月，具有无滴、保温、使用寿命长等多种功能，是设施冬春栽培理想的棚膜。

（2）聚氯乙烯（PVC）棚膜。它是在聚氯乙烯树脂中加入适量的增塑剂（增加柔性）压延成膜。其特点是透光性好，阻隔远红外线，保温性强，柔软易造型，好黏接，耐高温日晒（高温软化温度为100℃），耐候性好（一般可连续使用 1 年左右）。其缺点是随着使用时间的延长增塑剂析出，吸尘严重，影响透光；密度大，一定重量棚膜覆盖面积较聚乙烯棚膜减少 24%，成本高；不耐低温（低温脆化温度为-50℃），残膜不能燃烧处理，因为会有有毒氯气产生。可用于夜间保温性要求较高的地区。

①普通 PVC 膜。不加任何助剂吹塑成膜，使用期仅 6~12 个月。

②PVC 防老化膜。在 PVC 树脂中按一定比例加入防老化助剂（如紫外线吸收剂、抗氧化剂等）吹塑成膜，可克服PVC普通膜不耐高温日晒、不耐老化的缺点。目前我国生产的 PVC 防老化膜可连续使用12~24 个月，是目前设施栽培中使用较多的棚膜品种。

③PVC 耐老化无滴膜（双防膜）。是在 PVC 树脂中既加入防老化助剂（如紫外线吸收剂、抗氧化剂等），又加入流滴助剂（表面活性剂）等功能助剂吹塑成膜。该膜不仅使用时间长，而且可使露滴在膜面上失去亲水作用性，水珠向下滑动，从而增加透光性。该膜的其他性能和 PVC 普通膜相似，比较适宜冬季和早春自然光线弱、气温低的地区。

④PVC 耐候无滴防尘膜。是在 PVC 树脂中既加入防老化助剂、保温助剂、流滴助剂等多种功能性助剂吹塑成膜。经处理的薄膜外表面，助剂析出减少，吸尘较轻，提高了透光率，同时还具有耐老化、无滴性的优点，对冬春茬生产有利。

（3）乙烯—醋酸乙烯共聚物（EVA）棚膜。一般使用厚度为0.10~0.12毫米，在 EVA 中，由于醋酸乙烯单体（VA）的引入，使 EVA 具有独特的特性。

①树脂的结晶性降低，使薄膜具有良好的透明性。

②具有弱极性，使膜与防雾滴剂有良好的相容性，从而使薄膜保持较长的无滴持效期。

③EVA 膜对远红外线的阻隔性介于 PVC 与 PE 之间，因此保温性能为 PVC>EVA>PE。

④EVA 膜耐低温、耐冲击，因而不易裂开。

⑤EVA 膜黏接性、透光性、爽滑性等都强于 PE 膜。

综合上述特点，EVA 膜适用于冬季温度较低的高寒山区。

（4）漫反射棚膜。漫反射棚膜是 PE 树脂中掺入调光物质（漫反射晶核），使直射的太阳光进入棚膜后形成均匀的散射光，使作物光照均匀，促进光合作用。同时，减少设施内的温差，使作物生长一致。

（5）PO 农膜。PO 系特殊农膜，是以 PE、EVA 树脂为基础原料，加入保温强化助剂、防雾助剂、抗老化助剂等多种助剂，通过2~3 层共挤工艺生产的多层复合功能膜，克服了 PE、EVA 树脂的缺点，使其具有较高的保温性；具有高透光性，且不沾灰尘，透光率下降慢；耐低温；燃烧不产生有害气体，安全性好；使用寿命长，可达 3~5 年。缺点：延伸性小，不耐磨，形变后复原性差。

（6）氟素农膜。氟素农膜是由乙烯聚合物为基质制成，是一种新型覆盖材料。主要特点：超耐候性，使用期可达 10 年以上；超透光性，透光率在 90%以上，并且连续使用 10~15 年，不变色，不污染，透光率仍在 90%；抗静电力极强，超防尘；耐高、低温性强；可在−180~100℃温度范围内安全使用，在高温强日下与金属部件接触部位不变性，在严寒冬季不硬化、不脆裂。氟素膜最大的缺点是不能燃烧处理，用后必须由厂家收回再生利用；另一方面是价格昂贵。该膜在日本大面积使用，在欧美国家应用面积也很大。

(二) 保温参数

1. 墙体

(1) 三层夹心饼式异质复合结构。内层为承重和蓄热放热层，一般为蓄热系数大的砖石结构（厚度以24~37厘米为宜），并用深色涂料涂抹为宜，为增加受热面积，提高蓄热、放热能力，可添加穹形构造；中间为保温层，一般为空心或添加蛭石、珍珠岩或炉渣（厚度20~40厘米为宜）或保温苯板（厚度以5~20厘米为宜），以保温苯板保温效果最佳；外层为承重层或保护层，一般为砖结构，厚度12~24厘米为宜。

(2) 两层异质复合结构。内层为承重和蓄热、放热层，一般为砖石结构（厚度要求24厘米以上），同样用黑色涂料涂抹为宜，为增加受热面积，提高蓄热放热能力，可添加穹形构造；外层为保温层，一般为堆土结构，堆土厚度最窄处以当地冻土层厚度加20~40厘米为宜。

(3) 单层结构。墙体为土壤堆积而成，墙体最窄处厚度以当地冻土层厚度加60~80厘米为宜。

2. 后坡

(1) 三层夹心饼式异质复合结构。内层为承重和蓄热、放热层，一般为水泥构件或现浇混凝土构造（厚度5~10厘米为宜），并用黑色涂料涂抹为宜；中间为保温层，一般为蛭石、珍珠岩或炉渣（厚度20~40厘米为宜）或保温苯板（厚度以5~20厘米为宜），以保温苯板保温效果最佳；外层为防水层或保护层，一般为水泥砂浆构造并做防水处理，厚度以5厘米左右为宜。

(2) 两层异质复合结构。内层为承重和蓄热、放热层，一般为水泥构件或混凝土构造（厚度5~10厘米为宜）；外层为保温层，一般为秸秆或草苫、芦苇等，厚度以0.5~0.8米为宜，秸秆或草苫、芦苇等外面最好用塑料薄膜包裹，然后再用草泥护坡。

(3) 单层结构。后坡为玉米等秸秆、杂草或草苫、芦苇等堆积而成，厚度一般以 0.8~1.0 米为宜，以塑料薄膜包裹，外层常用草泥护坡。

3. 保温覆盖材料

在葡萄设施栽培中，除覆盖透明材料外，为了提高设施的防寒保温效果，使葡萄不受冻害，还要覆盖草苫、纸被和保温被等保温材料。

（1）草苫（帘）。草苫（帘）是用稻草、蒲草和芦苇等材料编织而成。草苫（帘）一般宽 1.2~2.5 米，长为采光面之长再加上 1.5~2 米，厚为 4~7 厘米。盖草苫一般可增温 4~7℃。但实际保温效果与草苫厚度、材料有关。蒲草和芦苇的增温效果相对较好一些，制作草苫简单方便，成本低，是当前设施栽培覆盖保温的首选材料，一般可使用 3~4 年。

（2）纸被。在寒冷地区和季节，为了弥补草苫保温能力的不足，进一步提高保温防寒效果，可在草苫下边增盖纸被。纸被系由 4 层旧水泥袋或 6 层牛皮纸缝制成和草苫大小相同的覆盖材料。纸被可弥补草苫缝隙，保温性能好，一般可增温 5~8℃，但冬春季多雨雪地区，易受雨淋而损坏，应在其外部包一层薄膜可达防雨的目的。

（3）保温被。一般由 3~5 层不同材料组成，外层为防水层（塑料膜或无纺布或镀铝反光膜等），中间为保温层（旧棉絮或纤维棉或废羊毛绒或工业毛毡等），内层为防护层（一般为无纺布，质量高的添加镀铝反光膜以起到反射远红外线的作用）。其特点是重量轻、蓄热、保温性高于草苫和纸被，一般可增温 6~8℃，在高寒地区可达 10℃。但造价较高。如保管好可使用 5~6 年。缺点是中间保温层吸水性强。针对这一缺点目前开发出中间保温层为疏水发泡材料的保温被。

4. 防寒沟

在温室或塑料大棚的四周设置防寒沟，对于减少温室或塑料大棚内热量通过土壤外传，阻止外面冻土对温室或塑料大棚内土壤的影响，保持温室或塑料大棚内较高的地温，以保证温室或塑料大棚内边行葡萄植株的良好生长发育特别重要。

防寒沟要求设置在温室四周 0.5 米内为宜，以紧贴墙体基础为佳。

防寒沟如果填充保温苯板厚度以 5~10 厘米为宜，如果填充秸秆杂草厚度以 20~40 厘米为宜；防寒沟深度以大于当地冻土层深度 20~30 厘米为宜。

5. 地面高度

建造半地下式温室即温室内地面低于温室外地面可显著提高温室内的气温和地温，与室外地面相比，一般宜将温室内地面降低 0.5 米左右为宜。需要注意的是半地下式温室排水是关键问题。因此，夏季需揭棚的葡萄品种，如果在夏季雨水多的地区栽培，不宜建造半地下式温室。

（三）其他

1. 进出口与缓冲间

温室进出口一般设置在东山墙上，和缓冲间相通，并挂门帘保温；而塑料大棚进出口一般设置在其南端。与进出口相通的缓冲间不仅具有缓冲进出口热量散失，作为住房或仓库用外，还可让管理操作人员进出温室时先在缓冲间适应一下环境，以免影响身体健康。

2. 蓄水池

北方地区冬季严寒，直接把水引入温室或塑料大棚内灌溉作物会大幅度降低土壤温度，使作物根系造成冷害，严重影响作物生长发育和产量及品质的形成，因此在温室或塑料大棚内山墙旁边修建蓄水池以便冬季用于预热灌溉用水，对于设施葡萄而言具有重要意义。

3. 配套设备

（1）卷帘机。卷帘机是用于卷放草苫和保温被等保温覆盖材料的设施配套设备。目前生产中常用的卷帘机主要有 3 种类型：一是顶卷式卷帘机，二是中央底卷式卷帘机，三是侧卷式卷帘机。其中顶卷式卷帘机卷帘绳容易叠卷，从而导致保温被或草苫卷放不整齐，需上后坡调整，容易将人卷伤甚至致死；而侧卷式卷帘机由于卷帘机设置于温室一头，一边受力，容易造成卷帘不整齐导致一头低一头高，容易损毁机器；中央底卷式卷帘机克服了上述两类卷帘机的缺点，操作安全方便，应用效果最好。

（2）卷膜器。卷膜器是主要用于卷放棚膜等透明覆盖材料以达到通风效果的设施配套设备。主要分为底卷式和顶卷式两种。底卷式卷膜器主要用于下面通风口棚膜的卷放，而顶卷式卷膜器主要用于上通风口棚膜的卷放。

三、促成栽培技术

（一）品种选择

选择适合设施栽培的葡萄品种。在设施内栽植葡萄，因投入的财力和人力较多、种植成本高，所以在选择品种时一定要慎重，必须遵循以下原则。

（1）早熟性状好。设施栽培葡萄的主要目的是提早成熟，提早在市场上供应浆果。不同的设施形式保温性能不同，浆果提早成熟的程度也不同。就同一品种而言，超早期加温可以提早 70 天成熟；后期加温可以提早 40 天左右成熟；塑料大棚可以提早 20~30 天成熟。露地栽培时；不同品种之间的成熟期差异很大，所以，选择品种时尽可能选择早熟品种，避免保护地内种植晚熟品种，使得其成熟期与露地或简易设施栽培的品种的成熟期一致，影响销售价格。

（2）品质优良。葡萄的品质包括内在品质和外观品质。保护地种植葡萄因投资大、成本高，所以最好选择品质优良的品种，以便能充分体现其商品价值，使得季节差价增大，最终实现高效益栽培的目的。

（3）通过保护地栽培可以提高品质。卡娜、绯红、红双味等很多欧亚种群的品种具有优良的内在品质和外观形象，但露地栽培时裂果极为严重，其主要原因是果实成熟前土壤含水量不稳定。但在保护地栽培时土壤含水量易于控制，湿度比较稳定，不会出现干、湿的急剧变化，裂果轻微，可以恢复到原有的外观形象。

（4）耐弱光。设施内由于塑料薄膜的覆盖，其内部的光照度只有露地的80%左右，使葡萄的光合效率下降，枝条徒长，花芽分化及坐果不良。品种之间存在很大差异，所以，选择品种时尽可能选用耐弱光的品种。

（5）生长势相对较弱。由于棚内的空间较小，葡萄的生长范围小，加之棚内的生长期较长，葡萄生长量较大，生长旺盛的品种在棚内管理有一定的难度。所以选择棚栽葡萄时最好选择树势中庸偏弱的品种。

（6）耐空气湿度。棚内空气湿度高，易于霜霉病、灰霉病等的发生，同时影响葡萄植株的生长。不同葡萄品种或种类在耐湿方面存在很大差异，选择品种时最好选择耐湿抗病品种。

（7）低温需求量少。葡萄从正常落叶到来年春天树液流动前为休眠期。华北地区葡萄的休眠期多在11月上旬至来年4月上旬。一般气温低于8~10℃时，地上部均处休眠状态。休眠分为自然休眠和被迫休眠。自然休眠也称生理休眠。正常落叶后，在0~5℃的范围内经过1个月，即可完成生理休眠。此后有适宜的温度、湿度即可萌发生长。棚栽葡萄宜选择需冷量少、自然休眠期短的品种。

在生理休眠期内需加温栽培的品种，则需要用植物生长调节物质解除休眠，才能正常的生长。而在被迫休眠期内随时可以加温栽培。

生理休眠期的长短，不同品种间存在很大差异。西欧品种群和黑海品种群有较长的休眠期，而东方品种群的休眠期较短。栽培上尽可能选用休眠期短的品种。

所以，选用品种时，了解生理休眠期的长短对指导保护地栽培具有重要意义。

（8）选用欧亚种品种。一般认为，欧亚种品种的抗病力较欧美杂种差，而在北方的保护地条件下，只要合理地控制负载量，做到架面通风透光，控制好棚内的温度、湿度，并保持棚内地面清洁，在生长结实过程中，也可以在不使用农药的条件下生产出符合绿色食品标准的葡萄果实。无论是从市场的需求和价格上，还是从栽培的角度上讲，选用欧亚种葡萄品种比欧美杂交种葡萄品种更具优越性。一是欧亚种葡萄品质较好，在市场上更受欢迎，售价也高，有时比欧美杂交种高2～3倍；二是欧亚种葡萄品种比欧美杂交种更适合保护地栽培，它们萌芽早，萌芽整齐，结果率高，着色一致，糖分高，酸度低，风味好，容易生产出高档果品。

适合棚室栽培的主要葡萄品种有夏黑、醉金香、爱神玫瑰、郑州早玉、夏至红、黑巴拉蒂、绯红等。

（二）高标准建园、栽植方式及密度

1. 园地选择

园地选择的好坏与温室或塑料大棚的结构性能、环境调控及经营管理等方面关系很大。因此，园地选择须遵循以下原则。

（1）为了利于采光，建园地块要南面开阔、高燥向阳、无遮阴，且平坦。

（2）为了减少温室或塑料大棚覆盖层的散热和风压对结构的影响，要选择避风地带。冬季有季风的地方，最好选在上风向有丘陵、山地、防风林或高大建筑物等挡风的地方。但这些地方又往往形成风口或积雪过大，必须事先调查。另外，要求园地四周不能有障碍物，以利于高温季节通风换气，促进作物的光合作用。

（3）为使温室或塑料大棚的基础牢固，要选择地基土质坚实的地方，避开土质松软的地方，以防为加大基础或加固地基而增加造价。

（4）虽然葡萄抗逆性强，适应性广，对土壤条件没有严格要求，但是，设施葡萄建园最好选择土壤质地良好、土层深厚、便于排灌的肥沃沙壤土地构建设施。切忌在重盐碱地、低洼地和地下水位高及种植过葡萄的重茬地建园。

（5）应选离水源、电源和公路等较近、交通运输便利的地块建园，以便于管理与运输。但不能离交通干线过近。同时，要避免在污染源的下风向建园，以减少对薄膜的污染和积尘。

（6）在山区，可在丘陵或坡地背风向阳的南坡梯田构建温室，并直接借助梯田后坡作为温室后墙。这样不仅节约建材，降低温室建造成本，而且温室保温效果良好，经济耐用。

（7）为提高土地利用率，挖掘土地潜力，结合换土与薄膜限根栽培模式，可在戈壁滩等荒芜土地上构建日光温室或塑料大棚。

2. 园地改良

建园前的土壤改良是设施葡萄栽培的重要环节，直接影响设施葡萄的产量和品质。因此，必须加大建园前的土壤改良力度，尤其是土壤黏重、过沙或低洼阴湿的盐碱地。针对不同的土壤质地，应施以不同的改良方法。如黏重地应采取掺沙、底层通透等方法改良；过沙土壤应采取沙土混泥或薄膜限根的方法改良；盐碱地应采取淡水洗盐、草被压盐等方法改良。

但土壤改良的中心环节是增施有机肥，提高土壤有机质含量。有机质含量高的疏松土壤，不仅有利于葡萄根系生长，尤其是有利于葡萄吸收根的发生，而且能吸收更多的太阳辐射能，使地温回升快，且稳定，对葡萄的生长发育产生诸多有利影响。一般于定植前，每亩施入优质腐熟有机肥5 000~10 000千克，并混加500千克商品生物有机肥，使肥土混匀。

3. 苗木选择

选用根系分布均匀，长于15厘米的主根4~5条，有4个以上的饱满芽体，无严重损伤及病虫为害症状的大苗、壮苗。

栽植前用清水浸根一昼夜或用泥浆浸泡，对根系适当短截，栽植时使根系在已挖好的0.3米×0.3米栽植穴中充分伸展，回填细土，填至一半时轻轻提苗，使根土密接，再填土至原苗木地表痕，浇透水，水渗下后，再填土至原苗木地表痕，并用脚踏实后再浇一次透水。栽植后留 3~4 个饱满芽进行定干，剪口抹油漆保湿，地面立即覆盖地膜，苗木成活后随气温升高再逐步除去地膜。

4. 架式选择

设施栽培因为不需要下架防寒或只需简易下架防寒，因此架式比较灵活，可根据品种特性和设施结构类型来确定。设施内常用的架式有两种。

①篱架。由于密植，适于生长势中庸的品种。这种架式有利于逼迫冬芽 2 次结果，2 次果产量较高。

②棚架。架面平坦，通风透光良好，枝蔓生长势缓和，适于生长势强旺的品种和宽度较大的设施内采用。

行向　设施内葡萄篱架栽培时以南北行向为宜，这样光照均匀，有利于管理作业。棚架栽培则多选择东西行向。

5. 株行距及栽植方法

设施内采用单篱架栽培，株行距以 1 米×2 米较好。塑料大棚内用棚架栽培时，可采用 2 种栽植方式：一种是在棚中央 1 个栽植沟内（沟宽 1~1.5 米）栽 2 行，在栽植沟两侧各设 2 排立柱；后排立柱分别与两边大棚骨架相连，拉好架线后形成两个相反方向的倾斜小切架。另一种是在棚的两侧各栽 1 行，搭成屋脊式棚架。二者的株距均为 0.5~1.0 米。温室内采用棚架时，应在温室南边栽植，栽植沟距温室边 1 米左右，以利于管理。

(三) 肥、水管理

(1) 放苗。一般在 4 月上中旬，待发芽后要及时破膜放苗稳苗，每株留 2 个新芽。

(2) 施肥。待苗长到 40~60 厘米高时，进行追肥，每株施尿素 50~100 克，或葡萄专用复合肥 50~100 克，以后进行多次叶面喷施 100 倍的惠满丰或 0.3% 的磷酸二氢钾液。秋季建棚前施 1 次基肥，每亩施有机肥 3 000 千克或优质鸡肥 1 500 千克。建棚后，一般在萌芽开花前追氮、磷、钾全营养肥 1 次，每亩施尿素 15~20 千克，磷肥 50~100 千克，钾肥 50 千克。坐果到浆果开始着色期及果实采摘后，可追肥 2~3 次，以磷、钾肥为主。秋季施基肥 1次，一般施肥量应比露地葡萄增加 20%~30%。

（3）浇水。应根据土壤、气候和葡萄生长发育情况而定，一般应浇好催芽水、花前水、膨大水、着色水、采果后浇水及封冻水共 5~6 次，浇水要与施肥结合进行。浇水时，葡萄生长前期要小水浇灌，后期浇大水，以利地温稳定。有条件的提倡滴灌与渗灌。

（四）整形修剪

（1）及时选留主蔓。设施促成栽培葡萄，由于其栽植密度大，与传统的整枝方式有很大区别，一般采用独龙干整枝法。即定植后的苗木，一般每株选留 2~3 个主蔓。定蔓的原则是留下不留上，留强不留弱，多余副梢全部疏除。

（2）分段摘心。所留主蔓新梢长到 80 厘米时进行第 1 次摘心，摘心后留顶端副梢继续延长生长，其余副梢留 1 片叶摘心，充分促进主蔓发育。当顶端保留的延长梢长到 40 厘米左右时，进行第 2 次摘心，副梢的处理同上。依次类推，进行第 3 次、第 4 次摘心。8 月以后，如果生长势仍较强，顶端可保留 2~3 个副梢延长生长，下部萌发的副梢可适当放长，留 4~6 片叶摘心。

（3）及时立柱绑蔓，摘除卷须。主蔓长到 30 厘米左右时即可绑缚。以后每长 30~40 厘米绑缚 1 次。在绑缚的同时摘除卷须。

（4）冬剪。葡萄植株落叶后及时冬剪。生长衰弱、枝蔓少而纤细的在近地表处进行 3~5 芽的短修剪；生长中庸健壮枝蔓，可留 50 厘米左右剪留至壮芽，水平绑缚在第一道铁丝的两侧。但选用个别强旺枝蔓进行长梢修剪，以达到占领空间，增加前期枝量。结果母蔓上尽量着生饱满的壮实冬芽，为扣棚后丰产奠定基础。

（五）病虫害防治

萌芽期防治金龟子、象鼻虫等啃食嫩芽。防治方法：可喷布多菌灵+吡虫啉。预防霜霉病、黑痘病、白腐病等可喷布 200 倍的半量式波尔多液。

（六）扣膜时间的确定

在设施葡萄促早栽培中，葡萄进入深休眠后，只有休眠解除即满足品种的需冷量才能开始加温，否则过早加温会引起不萌芽，或萌芽延迟，且不整齐，而且新梢生长不一致，花序退化，浆果产量和品质下降等问题。因此，在促早栽培中，我们常采取一定的措施，使葡萄休眠提前解除，以便提早扣棚升温进行促早生产。在生产中常采用人工集中预冷等物理措施和化学破眠等人工破眠技术措施达到这一目的。

1. 设施葡萄常用品种的需冷量

葡萄解除内休眠（又称生理休眠，自然休眠）所需的有效低温时数或单位数称为葡萄的需冷量，即有效低温累积起始之日至生理休眠解除之日止时间段内的有效低温积累。

（1）常用估算模型。

①低于 7.2℃ 模型。

第一，低温累积起始日期的确定。以深秋初冬日平均温度稳定通过 7.2℃ 的日期为有效低温累积的起始日期，常用 5 日滑动平均值法确定。

第二，统计计算标准。以打破生理休眠所需的 ≤7.2℃ 低温累积小时数作为品种的需冷量，≤7.2℃ 低温累积 1 小时记为 1 小时，单位为小时。

② 0~7.2℃ 模型。

第一，低温累积起始日期的确定。以深秋初冬日平均温度稳定通过 7.2℃ 的日期为有效低温累积的起始日期，常用 5 日滑动平均值法确定。

第二，统计计算标准。以打破生理休眠所需的 0~7.2℃ 低温累积小时数作为品种的需冷量，0~7.2℃ 低温累积 1 小时记为 1 小时，单位为小时。

③犹他模型。

第一，低温累积起始日期的确定。以深秋初冬负累枳低温单位绝对值达到最大值时的日期即日低温单位累积为 0 左右时的日期为有效低温累积的起点。

第二，统计计算标准。不同温度的加权效应值不同，规定对破眠效率最高的最适冷温 1 个小时为一个冷温单位，而偏离适期适温的对破眠效率下降，甚至具有负作用的温度其冷温单位小于 1 或为负值，单位为 C·U。换算关系如下：2.5~9.1℃打破休眠最有效，该温度范围内 1 小时为一个冷温单位（1C·U）。1.5~2.4℃ 及 9.2~12.4℃只有半效作用，该温度范围内 1 小时相当于 0.5 个冷温单位。低于 1.4℃或 12.5~15.9℃则无效，该温度范围内 1 小时相当于 0 个冷温单位。16~18℃低温效应被部分抵消，该温度范围内 1 小时相当于-0.5 个冷温单位。18.1~21℃低温效应被完全抵消，该温度范围内 1 小时相当于-1 个冷温单位。21.1~23℃温度范围内 1 小时相当于-2 个冷温单位。

上述需冷量估算模型均为物候学模型。因此，其准确性受制于特定的气候条件和环境条件。究竟以何种估算模型作为我国设施葡萄品种需冷量的最佳估算模型有待深入研究。

（2）设施葡萄常用品种需冷量见表 6-6。

表6-6　不同需冷量估算模型估算的不同品种群品种的需冷量

品种及品种群	0~7.2℃模型（小时）	≤7.2℃模型（小时）	犹他模型（C·U）	品种及品种群	0~7.2℃模型（小时）	≤7.2℃模型（小时）	犹他模型（C·U）
87-1（欧亚）	573	573	917	布朗无核（欧美）	573	573	917
红香妃（欧亚）	573	573	917	莎巴珍珠（欧亚）	573	573	917
京秀（欧亚）	645	645	985	香妃（欧亚）	645	645	985
8612（欧美）	717	717	1 046	奥古斯特（欧亚）	717	717	1 046
奥迪亚无核（欧亚）	717	717	1 046	藤稔（欧美）	756	958	859

（续表）

品种及品种群	0~7.2℃模型（小时）	≤7.2℃模型（小时）	犹他模型（C·U）	品种及品种群	0~7.2℃模型（小时）	≤7.2℃模型（小时）	犹他模型（C·U）
红地球（欧亚）	762	762	1 036	矢富罗莎（欧亚）	781	1 030	877
火焰无核（欧亚）	781	1 030	877	红旗特早玫瑰（欧亚）	804	1 102	926
巨玫瑰（欧美）	804	1 102	926	巨峰（欧美）	844	1 246	953
红双味（欧美）	857	861	1 090	夏黑无核（欧美）	857	861	1 090
凤凰51（欧亚）	971	1 005	1 090	优无核（欧亚）	971	1 005	1 090
火星无核（欧美）	971	1 005	1 090	无核早红（欧美）	971	1 005	1 090

2. 促进休眠解除的技术措施

（1）物理措施。利用夜间自然低温进行集中降温的预冷技术，是目前生产上最常用的人工破眠措施，即当深秋、初冬日平均气温稳定通过7~10℃时，进行扣棚，并覆盖草苫。在传统人工集中预冷的基础上，采用三段式温度管理人工集中预冷技术，具体操作是：人工集中预冷前期（从覆盖草苫始到最低气温低于0℃止），夜间揭开草苫并开启通风口，让冷空气进入，白天盖上草苫，并关闭通风口，保持棚室内的低温；人工集中预冷中期（从最低气温低于0℃始至白天大多数时间低于0℃止），昼夜覆盖草苫，防止夜间温度过低；人工集中预冷后期（从白天大多数时间低于0℃始至开始升温止），夜间覆盖草苫，白天适当开启草苫，让设施内气温略有回升，升至7~10℃后覆盖草苫。

人工集中预冷的调控标准：使设施内绝大部分时间气温维持在2~9℃，一方面使温室内温度保持在利于解除休眠的温度范围内，另一方面避免地温过低，以利于升温时气温与地温协调一致。

（2）化学措施。

①石灰氮 Ca（CN）$_2$。在使用时，一般是调成糊状进行涂芽或者经过清水浸泡取高浓度的上清液进行喷施。石灰氮水溶液的一般配制方法是将粉末状药剂置于非铁容器中，加入 4~10 倍的温水（40℃左右），充分搅拌后静置 4~6 小时，然后取上清液备用。为提高石灰氮溶液的稳定性及其破眠效果，减少药害的发生，适当调整溶液的 pH 值是一种简单可行的方法。在 pH 值为 8 时，药剂表现出稳定的破眠效果，而且贮存时间也可以相应延长，调整石灰氮溶液的 pH 值可用无机酸（如硫酸、盐酸和硝酸等），也可用有机酸（如醋酸等）。石灰氮打破葡萄休眠的有效浓度因处理时期和品种而异。一般是 1 份石灰氮对 4~10 份水。

②单氰胺（H$_2$CN$_2$）。一般认为单氰胺对葡萄的破眠效果比石灰氮更好。目前在葡萄生产中，主要采用经特殊工艺处理后含有50%有效成分（H$_2$CN$_2$）的稳定单氰胺水溶液——Dormex（多美滋），在室温下贮藏有效期很短，如在 1.5~5℃条件下冷藏，有效期至少可以保持一年以上。单氰胺打破葡萄休眠的有效浓度因处理时间和品种而异。一般是 0.5%~3%。配置 H$_2$CN$_2$ 或 Dormex 水溶液时需要加入非离子型表面活性剂（一般按 0.2%~0.4%的比例）。一般情况下，H$_2$CN$_2$ 或 Dormex 不与其他农用药剂混用。

③注意事项。

第一，使用时期。

促进休眠解除：温带地区葡萄的冬促早栽培或春促早栽培使休眠提前解除，促芽提前萌发，需有效低温累积达到葡萄需冷量的2/3~3/4 时使用一次。亚热带和热带地区葡萄的露地栽培，为使芽正常整齐萌发，需于萌芽前 20~30 天使用一次。施用时期过早，需要破眠剂浓度大，而且效果不好；施用时期过晚，容易出现药害。

逆转休眠：葡萄的避眠栽培或两季生产（秋促早栽培），促使冬芽当年萌发，需于花芽分化完成后至达到深度自然休眠前结合剪梢、去叶等措施使用一次。

第二，使用效果。破眠剂解除葡萄芽内休眠使芽萌发后，新梢的延长生长取决于处理时植株所处的生理阶段。处理时期不能过早，过早葡萄芽萌发后新梢延长生长受限。

第三，使用时的天气情况。为降低使用危险性，且提高使用效果，石灰氮或单氰胺等破眠剂处理一般应选择晴好天气进行，气温以 10~20℃最佳，气温低于 5℃时应取消处理。

第四，使用方法。直接喷施休眠枝条或直接涂抹休眠芽。如用刀片或锯条将休眠芽上方枝条刻伤后再使用破眠剂破眠效果将更佳。

第五，安全事项。石灰氮或单氰胺均具有一定毒性，因此，在处理或贮藏时应注意安全防护，要避免药液同皮肤直接接触。由于其具有较强的醇溶性，所以操作人员应注意在使用前后 1 天内不可饮酒。

第六，贮藏保存。放在儿童触摸不到的地方；于避光干燥处保存，不能与酸或碱放在一起。

3. 科学升温

设施栽培各地扣膜时间都是根据当地气候条件的实际情况而定，有些品种需要很长时间的休眠，休眠时间的长短又与休眠期间所处的环境有关。因此要在葡萄完成自然休眠后开始扣膜。

葡萄从落叶时开始进入休眠期，河南省在 1 月上旬可以解除休眠；辽宁省熊岳地区 12 月下旬至 1 月上旬可以解除休眠。

如果利用日光温室或加温温室进行栽培，在葡萄的生理休眠解除后即可扣膜升温。如果在生理休眠期内进行扣膜升温，则对开花不利。华北地区一般在 1 月中下旬进行扣膜升温。

利用塑料大棚进行栽培时，由于其保温条件较差，易受外界降温的影响，一般是在当地露地萌芽前的 50 天左右进行扣膜升温。华北地区一般是在 2 月下旬开始扣棚。

（七）葡萄保护地栽培生育期温度、湿度和光照调节

1. 温度

栽培设施为其中的葡萄生长创造了先于露地生长的温度条件。设施内温度调节的适宜与否，严重影响栽培的其他环节，其主要包括气温调控和地温调控两方面的内容。

气温调控：一般认为葡萄设施栽培的气温管理有四个关键时期：休眠解除期、萌芽期、开花期和果实生长发育期。

地温调控：设施内的地温调控技术主要是指提高地温技术，使地温和气温协调一致。葡萄设施栽培，尤其是早熟促成栽培中，设施内地温上升慢，气温上升快，地温、气温不协调，造成发芽迟缓，花期延长，花序发育不良，严重影响葡萄坐果率和果粒的第一次膨大生长。另外，地温变幅大，严重影响根系的活动和功能发挥。

（1）气温调控。

①调控标准。

第一，休眠解除期。休眠解除期的温度调控适宜与否和休眠解除日期的早晚密切相关。如温度调控适宜则休眠解除日期提前；如温度调控欠妥当，则休眠解除日期延后。调控标准：尽量使温度控制在0~9℃。从扣棚降温开始到休眠解除所需日期因品种差异很大，一般为25~60天。

第二，催芽期。催芽期升温快慢与葡萄花序发育和开花坐果等密切相关。升温过快，导致气温和地温不能协调一致，严重影响葡萄花序发育及开花坐果。调控标准：缓慢升温，使气温和地温协调一致。第一周白天15~20℃，夜间5~10℃；第二周白天15~20℃，夜间7~10℃；第三周至萌芽白天20~25℃，夜间10~15℃。从升温至萌芽一般控制在25~30天。

第三，新梢生长期。日平均温度与葡萄开花早晚及花器发育、花粉萌发和授粉受精及坐果等密切相关。调控标准：白天20~25℃；夜间10~15℃，不低于10℃。从萌芽到开花一般需要40~

60天。

第四，花期。低于14℃时影响开花，引起授粉受精不良，子房大量脱落；35℃以上的持续高温会产生严重日烧。此期温度管理的重点是避免夜间低温，其次还要注意避免白天高温的发生。调控标准：白天22~26℃；夜间15~20℃，不低于14℃。花期一般维持7~15天。

第五，浆果发育期。温度不宜低于20℃。积温因素对浆果发育速率影响最为显著。如果热量累积缓慢，浆果糖分累积及成熟过程变慢，果实采收期推迟。调控标准：白天25~28℃；夜间20~22℃，不宜低于20℃。

第六，着色成熟期。适宜温度为28~32℃，低于14℃时果实不能正常成熟。昼夜温差对养分积累有很大的影响。温差大时，浆果含糖量高，品质好，温差大于10℃以上时，浆果含糖量显著提高。此期调控标准：白天28~32℃，夜间14~16℃，不低于14℃；昼夜温差10℃以上。

②调控技术。

第一，保温技术。优化棚室结构，强化棚室保温设计（日光温室方位南偏西5°~10°，墙体采用异质复合墙体。内墙采用蓄热载热能力强的建材，如石头和红砖等，并可采取穹形结构增加内墙面积，以增加蓄热面积，同时，将内墙涂为黑色，以增加墙体的吸热能力，中间层采用保温能力强的建材，如泡沫塑料板；外墙为砖墙或采用土墙等），选用保温性能良好的保温覆盖材料，并正确揭盖、多层覆盖，挖防寒沟，人工加温。

第二，降温技术。通风降温，注意通风降温顺序为先放顶风，再放底风，最后打开北墙通风窗进行降温；喷水降温，注意喷水降温必须结合通风降温，防止空气湿度过大；遮阴降温，这种降温方法只能在催芽期使用。如果不注意降温，易产生日烧。

（2）地温调控。

①起垄栽培结合地膜覆盖。该措施切实有效。

②建造地下火炕或地热管和地热线。该项措施对于提高地温最为有效，但成本过高，目前我国基本没有应用。

③在人工集中预冷过程中合理控温。

④生物增温器。利用秸秆发酵释放热量提高地温。

⑤挖防寒沟。防寒沟如果填充保温苯板厚度以 5~10 厘米为宜，如果填充秸秆杂草（最好用塑料薄膜包裹）厚度以 20~40 厘米为宜；防寒沟深度以大于当地冻土层深度 20~30 厘米为宜。防止温室内土壤热量传导到温室外。

⑥将温室建造为半地下式。

2. 湿度

空气湿度也是影响葡萄生育的重要因素之一。相对湿度过高，会使葡萄的蒸腾作用受到抑制，并且不利于根系对矿质营养的吸收和体内养分的输送。持续的高湿度环境易使葡萄徒长，影响开花结实，并且易发多种病害。同时，使棚膜上凝结大量水滴，造成光照强度下降。而相对湿度持续过低不仅影响葡萄的授粉受精，而且影响葡萄的产量和品质。设施栽培由于避开了自然雨水，为人工调控土壤及空气湿度创造了方便条件。

（1）调控标准。

①催芽期。土壤水分和空气湿度不足，不仅延迟葡萄萌芽，还会导致花器发育不良，小型花和畸形花增多；而土壤水分充足和空气湿度适宜，则葡萄萌芽整齐一致，小型花和畸形花减少，花粉生活力提高。调控标准：空气相对湿度要求 90% 以上，土壤相对湿度要求 70%~80%。

②新梢生长期。土壤水分和空气湿度不足，严重影响葡萄新梢正常生长，同时，影响花序发育；而土壤水分充足和空气湿度过高，则葡萄新梢生长过旺，并且容易诱发多种病害。调控标准：空气相对湿度要求 60% 左右，土壤相对湿度要求 70%~80% 为宜。

③花期。土壤和空气湿度过高或过低均不利于开花、坐果。土壤湿度过高，新梢生长过旺，往往会造成营养生长与生殖生长的养

分竞争，不利于花芽分化和开花、坐果，导致坐果率下降。同时，树体郁闭，容易导致病害蔓延。土壤湿度过低，新梢生长缓慢或停长，光合速率下降，严重影响授粉受精和坐果。空气湿度过高，树体蒸腾作用受阻，影响根系对矿质元素的吸收和利用，而且导致花药开裂慢，花粉散不出去，花粉破裂和病害蔓延。空气湿度过低，柱头易干燥，有效授粉寿命缩短，进而影响授粉受精和坐果。调控标准：空气相对湿度要求50%左右，土壤相对湿度要求65%~70%为宜。

④浆果发育期。浆果的生长发育与水分关系也十分密切。在浆果快速生长期，充足的水分供应，可促进果实的细胞分裂和膨大，有利于产量的提高。调控标准：空气相对湿度要求60%~70%，土壤相对湿度要求70%~80%为宜。

⑤着色成熟期。过量的水分供应往往会导致浆果的晚熟、糖分积累缓慢、含酸量高、着色不良，造成果实品质下降。因此，在浆果成熟期适当控制水分的供应，可促进浆果的成熟和品质的提高。但控水过度也可使糖度下降，并影响果粒增大，而且控水越重，浆果越小，最终导致减产。调控标准：空气相对湿度要求50%~60%，土壤相对湿度要求55%~65%为宜。

（2）调控技术。

①降低空气湿度技术。

第一，通风换气。是经济有效的降湿措施，尤其是室外湿度较低的情况下，通风换气可以有效排除室内的水汽，使室内空气湿度显著降低。

第二，全园覆盖地膜。土壤表面覆盖地膜可显著减少土壤表面的水分蒸发，有效降低室内空气湿度。

第三，改革灌溉制度。改传统漫灌为膜下滴/微灌或膜下灌溉。

第四，升温降湿。冬季结合采暖需要进行室内加温，可有效降低室内相对湿度。

第五，防止塑料薄膜等透明覆盖材料结露。为避免结露，应采用无滴消雾膜或在透明覆盖材料内侧定期喷涂防滴剂，同时在构造上，需保证透明覆盖材料内侧的凝结水能够有序流到前底角处。

②增加空气湿度技术。喷水增湿。

③土壤湿度调控技术。主要采用控制浇水的次数和每次灌水量来解决。

3. 光照调控

葡萄是喜光植物，对光很敏感。光照不足节间细长，叶片薄、淡黄、光合产物少，易引起严重的落花、落果，浆果质量差、产量低。

针对果树设施内光照强度弱、光谱质量差、光照时间短的特点，在光照因子的调控上应采取下列措施：建造优型棚室，减少建筑材料遮光。选择透光率高的覆盖材料，常用的有普通、无滴、漫反射、复合功能的棚膜，可根据经济状况选用；并应经常清洗棚膜上的灰尘、杂物，提高透光率。铺设反光地膜，或在棚内墙上悬挂镀铝膜，增强反射光照。适当早揭帘、晚盖帘，延长光照时间。加强对树体的综合管理。在阴雨天，应在棚内铺设农用反光膜及吊电灯补光。

第二节　葡萄避雨栽培

一、避雨栽培优势

避雨栽培是以避雨为目的地将塑料薄膜覆盖在树冠顶部的一种方法，它是介于无加温温室栽培和露地栽培之间的一种类型（彩图 6-2-1 至 6-2-8）。在中国南方多湿生态条件下，露地葡萄病害严重，产量低，品质差，特别是欧亚种葡萄常被限制在年降水量600 毫米以北地区栽培。葡萄避雨栽培在我国经过 10 多年的实践，已显示出很多优越性，具体表现在以下几方面。

（1）北方发展欧亚种葡萄难度降低。河南、山东、陕西等省的葡萄栽培环境，虽然没有南方的栽培环境条件恶劣，但是在葡萄果实生长发育的 7 月、8 月，同样处在温度高、雨量大的季节。这些省份发展品质优良的欧亚种葡萄，也会出现病害多、生产难度大的情况，由于病害多喷药，不利于生产无公害食品和绿色食品。发展避雨栽培会降低病害的发生，减少打药次数，便于生产无公害食品和绿色食品。

（2）南方可发展品质优的欧亚种葡萄。自 20 世纪 80 年代以来，南方种植的葡萄品种基本上是适于暖湿地区、抗病性较强的欧美杂种巨峰系。品质优良的欧亚种因不耐湿、不抗病等原因，一直没有得到发展。

20 世纪 90 年代以来，上海市农业科学院、上海农学院、浙江省海盐县农业科学研究所等引进欧亚种采用大棚栽培和避雨栽培相继成功，推动了上海、浙江、苏南地区欧亚种葡萄的发展。浙江省海盐县欧亚种无核白鸡心等品种种植面积达 35 公顷，占全省葡萄面积 25.3％；上海金提园艺公司于 1996—1997 年建立 10 公顷单株大棚和联栋大棚，主栽品种为秋红和意大利，获得成功。使上海、浙江、江苏地区葡萄品种结构得到了调整，对提高葡萄经济效益，调节南方果品市场起到积极作用。

（3）避免气象灾害，减少、减轻病害。在葡萄的生长期，尤其是新梢生长、开花坐果、果实膨大直至成熟期，经历春雨绵绵，梅雨集中，大风暴雨，会造成为害葡萄的黑痘病、灰霉病、炭疽病、白腐病、霜霉病等的病菌繁殖快、传播快、为害重，严重影响葡萄的产量和品质以及经济效益。采用避雨栽培，覆盖薄膜期避免了雨淋，杜绝了一些病菌的传播途径，能有效地减轻病害的发生。

避雨栽培时，雨水直接降在避雨薄膜上，没有降在葡萄植株上，避免病菌随雨水传播。

避雨栽培的葡萄，植株下部、内膛的叶片干燥无水，仅上部边缘少数叶片有少量雨水。雨后次日早上观察，避雨栽培的葡萄植株叶片正反两面仅有一层薄薄的水膜，露水主要结在避雨棚膜上；而不避雨栽培的葡萄植株叶片正反两面都结有大量的露水。

避雨栽培的葡萄叶片上的露水在日出之后迅速蒸发干；而露地栽培的葡萄植株叶片上的露水蒸发慢，在叶片上持留的时间长。

（4）减少打药次数，减轻农药污染，为生产无公害果品创造条件。

（5）改善品质，提高坐果率，减轻裂果。

（6）提高劳动生产效率，使技术措施及时实施。

（7）提高经济效益。

二、避雨栽培设施构建

由于葡萄是藤本植物，茎蔓柔软，一般不能挺立生长。在栽培上必须设立支架，才能使葡萄树保持一定的树形，使之通风透光，果实、枝叶才能合理而均匀地分布，生产出的果实才能色泽鲜艳，品质好。架式关系到光能和土地的利用，通风透光程度，工人操作便利与否，规范化栽培程度，葡萄产量与品质等诸方面内容。避雨栽培避雨期光照减弱，架式的选择更为重要。避雨棚结构根据葡萄架式确定。采用何种架式和避雨棚结构应根据品种生长势强弱等特性，当地栽培习惯选定。避雨棚结构有两种：一种是小避雨棚，一行葡萄一个避雨棚，棚宽 1.8~2.5 米；另一种是大避雨棚，2 行葡萄一个避雨棚，棚宽 5~6 米。

（一）单臂篱架及避雨棚结构

单臂篱架是我国葡萄栽培常用的架式。南方的广东、广西、江西等地以单臂篱架为主，浙江、上海、江苏、湖北、安徽、云南、四川、重庆、贵州等地单臂篱架占有较大的面积，北方的山东、河南等地单臂篱架也有较大的面积。

1. 单臂篱架

一般行距 1.5~2.2 米。一行葡萄立一行水泥柱，架柱高 1.8~2.2 米（埋入地下的 0.5 米未包括在内），架头立柱埋时向外与地面呈 45°角倾斜，并用 8 号铁丝加锚石拉紧，埋入地下 0.5 米深处，夯实。沿行向柱间距离为 4 米，每行立柱上拉 12 号铁丝 3~4 道，第一道铁丝距离地面 50~60 厘米，往上每隔 50 厘米左右拉一道铁丝，沿行向组成立架面。枝蔓分布在篱架面上，果穗挂在篱架面上、中、下各部位。

该架式适于长势中庸或偏弱的品种和采用自由扇形或单、双臂水平型树形。

这种架式栽植密度较高，早期丰产。存在的问题：顶端优势明显，上部枝蔓生长旺，下部枝蔓弱，如果冬季修剪不当，结果部位上移；枝蔓集中在篱面上，光能利用较差；通风透光性较差，易发生各种病害；果实裸露比例较高，西边果实容易日灼；先密后稀，措施不到位，一密到底，若干年后单株的树体生长发育受到影响，管理难度较大等。

2. 避雨棚结构

（1）避雨棚的宽度。行距 2 米左右可采用一行一个小避雨棚，利用原有的架柱。行距 1.5 米左右可采用一行一个小避雨棚或 3 行一个中避雨棚，利用原有的架柱。

（2）一行葡萄一个避雨棚结构。

①棚柱。利用单臂篱架的架柱，用竹、木等加高到离地面 2.3 米，柱顶高度必须一致。

②避雨横梁。柱顶下 35 厘米处架一根横梁，横梁长度视行距大小，横梁长度应小于行距 30~50 厘米，即行距 2.2 米，横梁长 1.7 米；行距 2 米，横梁长 1.6 米；行距 1.8 米，横梁长 1.5 米。棚膜中间必须留有一定的空间，利于高温期散热，有利通风，覆膜期能增加一些光照。

③避雨棚横梁架材。一是用毛竹、角铁、钢管等材料，横梁长度按上述长度决定。不宜用木料，因木料易腐烂，寿命不长。柱两边等距离，横梁边要对齐，使避雨棚整齐。每隔两根柱用长毛竹横向固定全园的架柱（不必再架横梁），能有效地提高抗风力。

二是用粗的钢绞丝全园拉横丝。采用这种办法架柱横向必须对齐（如立柱横向不对齐的只能用毛竹、角铁、钢管等材料）。一个园的东西两边还要拉加固钢绞丝，固定在路边埋入 50 厘米以下的锚石上。一个园两头必须用较粗的毛竹将各行架柱连接固定。

④拉丝。柱顶及横梁离顶端 5 厘米处各拉一条粗的钢绞丝（细的钢绞丝要用 2 条），共 3 条。用钢绞丝做横梁的，两边钢绞丝的固定按用毛竹等横梁的位置固定。柱顶不宜用竹架。3 条钢绞丝引到两头架柱外固定在土中 50 厘米深的锚石上。

⑤拱片。用毛竹拱片。长按横梁长度 1∶1.25 左右计，即横梁 1.7 米，拱片 2.1 米；横梁 1.6 米，拱片 2 米；横梁 1.5 米，拱片 1.85 米。拱片宽度窄的一头 2.5~3 厘米。每隔 0.7 米一片，中心点固定在中间顶丝上。拱片两头应对齐，利于覆膜。

⑥覆膜。棚面的宽度按拱片的宽度，厚度 0.03 毫米（3 丝）。棚面覆盖在避雨棚的拱片上，膜要拉紧，盖得平展。两边每隔 35 厘米用竹木夹夹在两边的钢绞丝上，然后用压膜带或条布按拱片距离斜向将棚面压紧，台风、大风地区应来回压膜。

⑦注意事项。

拱片、横梁、拉丝安装高低要一致，两边对齐，有利覆膜。

拱片粗度窄的一头应在 2.5 厘米以上，要抛光。避免棚膜破损。粗度 2.5 厘米以下的，第二年遇大风侵入有些拱片就会折断，因此用太细的拱片是不合算的。

覆膜要平展，膜带要压紧。

⑧需用材料。建 1 亩地的避雨棚约需 2.0 米长的拱片 480 根（行距按 2 米计，下同），1.6 米长横梁 55 根，横向毛竹净总长约 90 米（如用钢绞丝约 200 米），直向钢绞丝约 1 000 米，2 米宽的棚膜 350 米（厚 0.03 毫米，重约 18 千克），竹（木）夹约 1 900 只，压膜带约 1 000 米（台风、大风频繁地区要来回压膜，膜带则需约 2 000 米）。

（3）三行葡萄一个避雨棚结构。行距 1.5 米左右的高密度葡萄园采用避雨栽培，如一行一个避雨小棚搭建成本较高，操作管理也较麻烦，可采用三行葡萄搭建一个避雨棚。

①棚柱。利用 3 行葡萄的架柱，适当加高，中间行的柱加高至 2.5 米，两边两行的架柱加高至 2.2 米，加高后各行柱的高度必须一致。

②避雨横梁。根据行距两棚中间应不少于 30 厘米的空间；如行距 1.5 米，3 行为 4.5 米，避雨横梁应 4.2 米，即架好后，2 根边柱中间向外的距离为 60 厘米。横梁固定位置为中间棚柱顶下 60 厘米处。如 3 行葡萄架柱横向不对齐的，横梁固定在其中两行的柱上；如架柱对齐的，横梁则固定在 3 根柱上，这样更加牢固。如全园葡萄架柱横向对齐的，可全园东西向拉钢绞丝代替横梁，可节省投资。一个葡萄园两头必须用较粗的毛竹将各行柱架连接固定。

③拉丝。3 行柱顶及横梁离顶端 5 厘米处各拉一条粗的钢绞丝共 5 条。柱顶不宜用竹架。用槲做横梁的，两边钢绞丝固定的位置在用毛竹等横梁的位置上。5 条钢绞丝引到两头架柱外 1 米处固定在 50 厘米深的锚石上。

④毛竹拱片。长 5.2 米，宽为窄头粗不少于 5 厘米，每隔 0.7 米 1 片，中心点固定在中间行的钢绞丝上，然后再固定在其他 4 条钢绞丝上，拱片两头应对齐，利于覆膜。

⑤覆膜。膜的宽度与拱片的宽度相同，即 5.2 米，厚度为 0.06 毫米（6 丝）。棚膜覆盖在拱片上。两边每隔 35 厘米用竹（木）夹夹在两边的钢绞丝上，然后用压膜带按拱片距离斜向将棚膜压紧。

⑥ 注意事项。中间高度不能低于 2.5 米，两棚之间必须留有 30 厘米的空间，有利于闷热天气散热和通风；拱片粗度不小于 5 厘米，因 5.2 米长的拱片，粗度不够不牢固；应用工厂生产的压膜带，不宜用布条。

拱片横梁拉丝安装高低要一致，两边对齐，有利覆膜。

拱片粗度窄的一头应在 2.5 厘米以上，要抛光。避免棚膜破损。粗度 2.5 厘米以下的，第二年遇大风侵入有些拱片就会折断，因此用太细的拱片是不合算的。

⑦需用材料。建1亩地的避雨棚,约需5.2米长的拱片210根,4.2米长的横梁约35根(如用钢绞丝约200米),葡萄园两头横向毛竹净总长约30米(视葡萄园宽度定),直向钢绞丝约2 500米,5.2米宽的棚膜约160米,竹(木)夹约900只,压膜带约1 000米。

(二)双十字"V"形架及避雨棚结构

1. 双十字"V"形架

双十字"V"形架是浙江省海盐县杨治元创造的新型实用架式。至2002年,这种架式已在浙江、上海、江苏等地推广面积达4 000多公顷。

(1)适用品种。适于长势中等的、偏弱的和稍强的品种。

(2)结构。由架柱、2根横梁和6根拉丝组成。

①立柱。行距2.5~2.7米立一行水泥柱(或竹、木、石柱),柱距4米,柱长2.9~3米,埋入土中0.6~0.7米,柱顶离地面2.3~2.4米(与避雨棚结合,一步到位)。要特别注意立柱是直向和横向均要对齐,有利于搭避雨棚。

②架横梁。种植当年夏季或冬季修剪,每个柱架2根横梁。下横梁长60厘米,扎在离地面115厘米处,上横梁80~100厘米长,扎在离地面150厘米处(长势中庸的品种)或155厘米(长势强的品种)处。两道横梁两头及高低必须一致。横梁以毛竹(一根劈两片)为好,钢筋水泥预制横梁、角铁横梁、钢管横梁均可。木横梁不妥,木横梁易腐烂,使用年限缩短。

③拉丝。离地面90厘米处柱两边拉两条钢丝,两道横梁离边5厘米处打孔,各拉一条钢丝。形成双十字6条拉丝的架式。横梁两边4条不宜用拉丝扎在横梁上,否则每年整理拉丝时较费工。6条拉丝最好用钢绞丝(电网上用的7股钢绞丝),耐用而不锈,且成本低。上横梁两边的拉丝可用旧电线,枝蔓固定其上不易断枝蔓,且枝蔓不会移动。

需用材料:每亩地的柱65~70根,长、短横梁各65~70根,拉丝1 600米左右。

（3）特点。夏季护理叶幕呈"V"形，葡萄生长期叶幕形成三层：下层为通风带，中部为结果带，中、上部为光合带。蔓果生长规范，两边的果穗较整齐地挂在离中间架柱15~20厘米处，在避雨条件下，雨水一般不会淋至果穗上。

（4）优越性。

①增加光合面积。根据测定，叶幕面积为地面面积的110%~120%。

②提高叶幕层光照度。据测定整个叶幕层一天中均有半天以上的受光。东边外侧、东边内侧、西边外侧、西边内侧四个侧面的光照度，晴天受光面上部1.5米处叶幕平均光照度为3.04万勒克斯，下部为2.16万勒克斯，明显优于单臂架和棚架。

③提高光合效率。

④提高萌芽率、萌芽整齐度和新梢生长均衡度。顶端优势不明显。

⑤提高通风透光率。有利于减轻病害，有利于提高果品质量。

⑥省工、省力、省架材、省农药。规范栽培，操作容易；蔓果管理部位在1~1.6米，操作时不吃力，能提高功效；架柱与避雨棚架柱结合，可减少架材。

2. 避雨棚结构

（1）棚柱。利用双十字"V"形架的架柱。架柱高出地面2.3~2.4米。架柱一步到位长2.9米可直接利用；原架柱离地面不到2.3米的，用毛竹、木等加高至2.3米。柱顶高低必须一致，使避雨棚高低一致。

（2）避雨横梁。柱顶下40厘米处架一根横梁。有两种做法。

一是用毛竹、角铁、钢管等材料，长度为1.8米。不宜用木料，因木料易腐烂，寿命不长。柱两边等距离，横梁边要对齐，使避雨棚对齐。每隔两根柱用长毛竹横向固定全园的架柱（不必再架1.8米的横梁），能有效地提高抗风力。

二是用粗的钢绞丝全园拉横丝。采用这种办法架柱横向必须对齐（如立柱横向不对齐的只能用毛竹、角铁、钢管等材料），钢绞丝固定在柱顶下40厘米处。一个园的东西两边还要拉加固钢绞丝，固定在路边埋入50厘米以下的锚石上。这种办法既牢固又投资少（因钢绞丝比毛竹等架材便宜很多）。风力较大的葡萄园在两根架柱中间再拉一条横丝，能提高抗风力。

不论采用哪种材料架横梁，一个葡萄园的两头都必须用较粗的毛竹，将各行架柱连接固定，避雨棚就比较牢固。

（3）拉丝。柱顶及横梁离顶端5厘米处各拉一条粗的钢绞丝（细的钢绞丝要用两条）共3条。用钢绞丝做横梁的，两边钢绞丝固定的位置，柱中心点左右各85厘米，即两边钢绞丝的距离为170厘米（与用毛竹横梁距离相等），柱顶不宜用竹架，否则易造成薄膜破损。

（4）拉丝牵引锚石固定。避雨棚的3条钢绞丝引到架柱外1米处，挖50厘米深的穴埋入锚石，将3条钢绞丝固定在锚石上，泥土填上敲实。用毛竹等作为避雨棚横梁的，长度超过50米的葡萄园，在东西两边也要拉若干条加固钢绞丝并牵引锚石。

（5）拱片。用2.2米长，窄的一头2.5~3厘米宽的毛竹拱片，每隔0.7米一片，中心点固定在中间顶丝上，两边固定在边丝上。拱片两边应对齐，利于覆膜。

（6）覆膜。用2.2米宽，0.03~0.05毫米厚（3丝至5丝）的棚面覆盖在避雨棚的拱片上。两边每隔35厘米用竹（木）夹夹在两边的钢绞丝上，然后用压膜带或布条按拱片的距离斜向将棚膜压紧，台风、大风频繁地区应来回压膜。

（7）注意事项。

①拱片、横梁、拉丝安装高低必须一致，两边对齐，有利覆膜。

②拱片粗度窄的一头应在2.5厘米以上，要抛光，避免棚膜破损。粗度在2.5厘米以下，第二年遇大风侵入有些拱片就会折断，

因此太细的拱片是不合算的。

③覆膜要平展，膜带要压紧。

（8）需用材料。建 1 亩地的避雨棚约需 2.2 米长的拱片 370 根，1.8 米长横梁 35 根，横向毛竹总长约 180 米（如用钢绞丝作横梁，约 200 米），直向钢绞丝约 800 米，2.2 米宽的棚膜 270 米（3 丝约 16 千克，5 丝约 27 千克），竹（木）夹约 1 500 个，压膜带约 900 米（台风、大风频繁的地区膜带要来回压膜，则需 1 800 米）。毛竹、拉丝可用 5 年以上，较粗的拱片可用 3 年以上（每年均要调换少量不牢固的拱片），棚膜用 1 年，竹（木）夹用 2 年以上（每年均要调换已坏的竹、木夹），标准压膜带可用 5 年以上，布条每年要整理。

（三）高宽垂架及避雨棚结构

1. 高宽垂架

葡萄高宽垂架栽培 20 世纪 20 年代创始于美国。20 世纪 60 年代以来阿根廷、巴西、意大利、罗马尼亚、保加利亚、俄罗斯等国家都相继推广这种栽培方式。我国 20 世纪 80 年代初引进这种栽培方式，逐步在生产上推广使用。湖南省避雨栽培多数用高宽垂架。

（1）适用品种。各品种均适用，长势旺的品种最适宜。

（2）结构。由架柱、一根横梁和 8 条拉丝组成。

①立柱。行距 3 米立一行水泥柱（或竹、木、石柱），柱距 4 米，柱长 3 米，埋入土中 0.6 米，柱顶离地面 2.4 米。纵横距离一致，柱顶成一平面，两头边柱需向外倾斜 30°。

②架横梁。用 2 米长的横梁扎在离地面 1.7 米的柱上。横梁两头及高低必须一致。横梁以毛竹为好，角铁横梁、钢管横梁均可。木横梁不妥，因易腐烂，使用年限短。

③拉丝。离地面 1.3 米处柱两边拉 2 条铁丝；在横梁离柱 20 厘米、50 厘米和离横梁边 5 厘米处打孔，各拉一条铁丝，共拉 8 条拉丝。横梁上的 6 条拉丝不宜用拉丝扎在横梁上，否则每年整理拉丝较费工。8 条拉丝最好用钢绞丝（电网上用的 7 股钢绞丝），

耐用又不锈，且成本低。

需要材料：每亩需柱 60 根左右，拉丝 1 800 米左右。

（3）特点。结果部位高（1.5 米），叶幕宽（水平 2 米多），中后期发出新梢下垂。

（4）优越性。

①枝蔓分两边均衡分布，能提高叶幕层光照度，提高光合效率。

②枝蔓在架面上水平生长，减弱生长势，有利花芽分化，适宜用长势强旺的品种。

③结果母枝冬剪后水平绑缚，能提高萌芽率、整齐度和新梢生长均衡度，顶端优势不明显。

④结果部位提高，减轻病害，避免、减轻日灼。

⑤能计划定梢、定穗、控产，实行规范化栽培，提高果品质量。

2. 避雨棚结构

一行葡萄一个避雨棚结构。

（1）棚柱。利用高宽垂架的架柱，架柱高出地面 2.4 米。架柱一步到位 3 米可直接用；原架柱离地面不到 2.4 米的用竹、木等加高至 2.4 米。柱顶高低一致，使避雨棚高低一致。

（2）避雨横梁。柱顶下 40 厘米处（离地面 2 米）架一根横梁。有以下两种做法。

一是用毛竹、角铁、钢管等材料，长度为 2.4 米。不宜用木料，因木料易腐烂，寿命不长。柱两边等距离，一行的横梁边要对齐。每隔两根柱用长毛竹横向固定全园的架柱（不必用 2.4 米的横梁），能有效地提高抗风力。

二是架柱横向对齐的葡萄园可用粗的钢绞丝全园拉横丝。钢绞丝固定在柱顶下 40 厘米处。一个园的东西两边，还应用钢绞丝固定在埋入土中 50 厘米处以下的锚石上。

不论采用哪种材料架横梁，一个葡萄园的两头都必须用较粗的毛竹，将各行架柱连接固定。

（3）拉丝。柱顶及横梁离顶端 5 厘米处各拉一条粗的钢绞丝（细的钢绞丝要用 2 根），共 3 条。用钢绞丝作横梁的，两边钢绞丝的固定位置，柱中心点左右各 115 厘米，即两根钢绞丝距离为 230 厘米（用毛竹横梁距离相等）。柱顶不宜用竹架。3 条钢绞丝引到两头架柱外 1 米处，固定在土中 50 厘米深的锚石上。

（4）拱片。用毛竹拱片，长 3 米，窄的一头 3 厘米，每隔 0.7 米一片，中心点固定在中间顶丝上，两边固定在边丝上，拱片两头应对齐，利于覆膜。

（5）覆膜。用 3 米宽 0.03~0.05 毫米（3 丝到 5 丝）厚的棚膜平盖在避雨棚的拱片上，两边每隔 35 厘米用竹（木）夹夹在两边的钢绞丝上，然后用压膜带或布条按拱片距离斜向将塑膜压紧，台风、大风频繁地区应来回覆膜。

（6）注意事项。

①拱片、横梁、拉丝安装高低要一致，两边对齐，有利于覆膜。

②拱片粗度窄的一头应在 2.5 厘米以上，要抛光，避免棚膜破损。粗度在 2.5 厘米以下，第二年遇大风侵入有些拱片就会折断，因此用太细的拱片是不合算的。

③覆膜要平展，膜带要压紧。

（7）需用材料。建 1 亩地的避雨棚约需 3 米长的毛竹拱片 320 根，2.4 米长横梁 30 根，横向毛竹净总长 80 米（如用钢绞丝作横向横梁，约 200 米），直向钢绞丝约 700 米，3 米宽 0.03~0.05 毫米厚棚膜 230 米，竹（木）夹 1 300 只，压膜带约 900 米。

三、避雨栽培技术

（一）避雨栽培覆膜期和揭膜期

1. 北方欧亚种葡萄避雨栽培覆膜期和揭膜期

北方避雨栽培地区是年降水量 500 毫米以上的山东和华北、东北诸省及河南、陕西部分地区。这些地区的集中降雨期是7月、8月两个月，正值葡萄果实膨大期，早熟品种为浆果成熟期，红地球等欧亚种葡萄因多雨而极易发病。这些地区避雨栽培的覆膜期和揭膜期应根据当地的雨季和发病情况掌握。

（1）覆膜期

①多数地区应在雨季前覆膜。根据历年气象资料和当地的天气预报应在雨季前覆膜，即6月下旬至7月初覆膜；有些年份雨季提前，覆膜期也相应提前。集中降雨期要全期覆膜避雨，确保葡萄安全。

②遇特殊病害应提前覆膜。有些年份霜霉病等病害早期发生，就应提前覆膜。

（2）揭膜期。

①不抗白腐病、炭疽病的欧亚种揭膜期应在葡萄采收后。葡萄浆果上色成熟期，不抗白腐病、炭疽病的品种（如京秀葡萄不抗炭疽病、粉红亚都蜜不抗白腐病）若遇秋雨易导致白腐病、炭疽病发生造成危害。这类品种避雨覆膜到葡萄果实采收后。

②红地球葡萄揭膜期应在葡萄采收后。红地球葡萄中、后期继续覆膜不仅可减轻霜霉病、白腐病、炭疽病等病害的危害，减少浆果损失；而且浆果成熟期在覆膜条件下，膜下的光照度减弱25%~35%，可减轻红地球葡萄因光照过强而导致上色过重成为紫地球。

③较抗病的欧亚种葡萄。较抗病的欧亚种葡萄在集中降雨期后，转为正常的天气时可解除棚膜，如果秋雨经常出现的地区也应在葡萄采收后揭膜。

（3）覆膜过程中期揭膜。北方葡萄避雨栽培地区是年降水量500毫米以上的地区，而这些地区少雨年份降水量在400毫米以下；7月、8月集中降雨期，月降水量一般在100毫米以上，少雨年份在50毫米以下。因此在避雨栽培中，应根据当年降雨量情况，不宜全期覆膜避雨，晴云天气时段可揭除棚膜，根据天气情况仅在雨期覆膜，使葡萄较长时间在全光照下生长，同时可延长棚膜使用期，如当年覆膜在 2 个月以内，还可使用 1 年，节省成本。

其办法：拿掉西边的竹（木）夹，将棚膜推向东边（不要取下棚膜），有利于增加光照，有利于果实膨大，有利于花芽分化，如遇 34℃ 以上的高温天气，还有利于缓解高温障碍，有利于着色。中期揭除棚膜这段时间要密切注意天气变化，如遇大风雨，在风雨来临前及时覆膜；如果降水量 10 毫米以下的降水不必覆膜。揭膜覆膜视天气变化不断进行，葡萄采收前覆好膜。

2. 北方欧美杂种葡萄避雨栽培覆膜期和揭膜期

（1）覆膜期。欧美杂种葡萄较耐湿、较抗病，应根据品种的抗病性和天气变化情况及时覆膜和揭膜。

①萌芽前覆膜的地区。对黑痘病防治缺乏经验，每年均因新梢生长期发生黑痘病造成一定危害的地区，或上年秋季黑痘病发生严重而春季雨水较多的年份，避雨栽培的覆膜期应在萌芽期。新梢生长在避雨栽培条件下可避免黑痘病发生。

②开花前覆膜的地区。对容易感染穗轴褐枯病的品种，或春季阴雨天气比较长导致霜霉病早发的年份，避雨栽培覆膜期在开花前。

（2）揭膜期。一般应在葡萄果实采收后揭膜。在葡萄果实膨大期至采收期继续覆膜，能有效防止炭疽病、白腐病等病害的发生。

（3）覆膜过程中期揭膜。欧美杂种葡萄的抗病性相比欧亚种葡萄要强，而北方地区的降水量比南方要少得多。在避雨栽培中期应根据葡萄品种的抗病性和天气情况进行揭膜。如果栽培的品种为巨玫瑰（不抗叶片霜霉病），而生长期雨水又较多，应该全期覆膜。如果栽培的品种抗病性较强，而生长期雨水较少应短期揭膜。

其办法：拿掉西边的竹（木）夹，将棚膜推向东边（不要取下棚膜），有利于增加光照，有利于果实膨大，有利于花芽分化，如遇 34℃ 以上的高温天气，还有利于缓解高温障碍，有利于着色。中期揭除棚膜这段时间要密切注意天气变化，如遇大风雨，在风雨来临前及时覆膜；如果降水量在 10 毫米以下不必覆膜。揭膜、覆膜视天气变化不断进行，葡萄采收前覆好膜。

3. 南方欧亚种葡萄覆膜期和揭膜期

（1）覆膜期。

①多数地区萌芽前覆膜。欧亚种葡萄不抗病、不耐湿，在南方避雨栽培，多数地区覆膜期应在萌芽前。从萌芽开始就在避雨栽培条件下避免雨淋，新梢生长期就能有效地防止黑痘病等病害的传播和为害。

②少数地区可在开花前覆膜。春季雨水少的地区，能控制住新梢生长期黑痘病的条件下，也可推迟到开花前覆膜，使蔓、叶、花序在全光照条件下生长，有利于蔓叶营养积累和花序发育。

（2）揭膜期。

①一般可在葡萄采收后揭膜。揭膜后几个月，蔓叶在全光照下生长，有利于蔓叶营养积累，有利于花芽继续分化。根据杨治元观察，很多欧亚种葡萄品种在北方花芽分化正常，花序较多，产量年份间较稳定；在南方栽培结果枝率下降，花芽分化不正常，年份间花序不稳定，导致产量不稳定。分析其原因南方光照不足，南方比北方日照时数平均减少 1 000 小时左右（大棚、避雨栽培光照减少 25%～35%）；日温差较少，南方比北方减少 2～3℃，导致树体营养积累不足，影响到当年的花芽分化和下一年的花芽补充分化，这是导致欧亚种葡萄品种在南方栽培花芽量减少的一个主要原因。

②遇到的问题。葡萄采收后揭除棚膜，遇到的问题是易导致霜霉病的发生和流行，如不及时防治，易造成秋季早期落叶，也影响花芽分化。如何处理好果实采收后及时揭膜使蔓叶在全光照下生长，又要防治好霜霉病，防止秋季早期落叶，这是南方欧亚种葡萄避雨栽培中遇到的较为突出的问题。

③视品种特性掌握揭膜期。根据杨治元的实践、研究和调查，认为应根据品种的特性和当地霜霉病病情科学地掌握揭膜期。

第一，结果枝率 70% 以上的品种可推迟揭膜期。这类品种在南方避雨栽培，光照较弱条件下生长发育，对花芽分化影响不大，连续避雨栽培结果枝率仍较稳定。属于这类品种的有 87-1、绯红、香妃、秋红、黑玫瑰、瑞比尔等。

第二，结果枝率中等或较低的中、晚熟品种采果后应适时揭膜。这类品种在南方避雨栽培，光照较弱条件下生长发育，对花芽分化影响较大，在葡萄采收后应及时揭膜，秋季在全光照条件下生长发育，有利于营养积累，有利于花芽分化和下一年花芽补充分化。对成熟较早的品种，采收果实后可推迟 7~15 天揭膜，使树体生长有个过渡期。揭膜后及时喷用必备、科博、波尔多液等保护性无公害农药，视天气和发病情况，喷若干次，直至 10 月上旬控制住霜霉病。属于这类品种的有无核白鸡心、京玉、里扎马特、红地球、红意大利、秋黑、美人指等。

第三，结果枝中等的早熟品种采收后可视情况适当推迟揭膜。这类品种在南方避雨栽培，光照较弱条件下生长发育对花芽分化影响也较大。由于成熟早，采收采果后仍是雨季应推迟揭膜期，待雨季过后再揭膜，或夏季高温后再揭膜。在秋季必须控制住霜霉病，保护好叶片。属于这类的品种有早玉、京秀、早熟红、无核白等。

（3）覆膜过程中揭膜。欧亚种葡萄在南方栽培，如何提高叶幕的受光量，对花芽分化至关重要，尤其中、晚熟品种，覆膜期较长，由于光照不足，影响树体营养积累和花芽分化。对结果枝率中等或较低的中、晚熟品种在避雨阶段的中期，视天气在晴天揭膜，雨天覆膜，增加蔓、叶、果的管理，对蔓、叶、果的生长发育和花芽分化是极为有利的。

其办法：拿掉西边的竹（木）夹，将棚膜推向东边（不要取下棚膜），使蔓叶在全光照下生长。在揭膜阶段密切注视天气变化，根据天气预报，雨前及时覆膜，雨后再揭膜，这样既起到避雨的作用，又能在光照较足的条件下生长发育。

4. 南方欧美杂种葡萄覆膜期和揭膜期

（1）覆膜期。欧美杂种较耐湿、较抗病，各地根据前期黑痘病发生和防治情况合理掌握。

①萌芽前覆膜的地区。对黑痘病防治缺乏经验，每年均因新梢生长期发生黑痘病造成一定危害的地区，或上年秋季黑痘病发生严重而春季雨水较多的年份，避雨栽培的覆膜期应在萌芽期。新梢生长在避雨栽培条件下可避免黑痘病发生。

②开花前覆膜的地区。黑痘病防治有经验，每年在新梢生长期黑痘病完全能控制住的地区，避雨栽培覆膜期应在开花前。萌芽至开花多数品种需 40~45 天，在这段时间露地生长，光照较足，有利于新梢蔓叶生长，提高光合效率，增加营养积累，并有利于花序的发育。

③视情况确定覆膜期的葡萄园。南方春季多雨，黑痘病防治有经验的地区，如遇春雨绵绵，新梢生长期已发生黑痘病，而且很难控制住，应立即覆膜。因覆膜后蔓叶不受雨淋，能有效地防治黑痘病传播，结合药剂防治，能控制住黑痘病。不能死搬硬套等到花前覆膜。

（2）揭膜期。一般应在葡萄果实采收后揭膜。在葡萄果实膨大期至采收期继续覆膜，能有效防止炭疽病、白腐病等病害的发生。

（3）覆膜过程中期揭膜。南方梅雨明显的地区，一般梅雨结束即转入炎热的高温期，中、晚熟品种在葡萄果穗套袋的前提下，梅雨期（或雨期）过后转入晴热天气，可中期揭膜。

其办法：拿掉西边的竹（木）夹，将棚膜推向东边（不要取下棚膜），有利于增加光照，有利于果实膨大，有利于花芽分化，如遇 34℃ 以上的高温天气，还有利于缓解高温障碍，有利于着色。中期揭除棚膜这段时间要密切注意天气变化，如遇大风雨，在风雨来临前及时覆膜；如果降水量在 10 毫米以下不必覆膜。揭膜、覆膜视天气变化不断进行，葡萄采收前覆好膜。

（二）避雨栽培的管理

从萌芽到开花前为露地栽培期，适当的降水对土壤有益，但要注意防止黑痘病对葡萄幼嫩组织的危害。

覆盖后，葡萄白粉病和虫害有加重的趋势，要注意做好防治工作。具体的防治方法为：在芽眼萌动前，喷施3度石硫合剂加200倍五氯酚钠，开花后可喷施0.3~0.5度石硫合剂进行防治。

覆盖后土壤易干旱，注意及时灌水，采用滴灌效果最好。

注意温度管理，覆盖设施内易出现高温，注意及时通风，其他栽培管理方法与露地栽培葡萄基本相同。

第三节　新技术在葡萄设施栽培中的应用

一、生长调节剂的应用

植物生长调节剂在葡萄栽培上的利用，主要在促进芽眼的萌发、坐果、果实的着色、果实的膨大、果实的无核化处理等方面，取得了极好的效果。

（1）促进发芽。葡萄保护地栽培，葡萄的芽眼萌发率较露地栽培低得多。葡萄萌芽率的高低，将直接影响到葡萄的产量和效益。打破休眠，使葡萄早发芽、早结果、早上市，取得较高的经济效益，也是葡萄保护地栽培者的心愿。

（2）促进成熟。在保护地葡萄栽培中，促进葡萄果实的成熟是很重要的。常用的促进葡萄成熟的生长调节剂为乙烯利。一般乙烯利的使用浓度为30~50毫克/升，处理时间为果实接近成熟时，即从果实转色期到充分成熟期之间。

（3）促进葡萄果粒膨大。促进葡萄果粒的膨大，现在有较多的生长调节剂可以使用，且有成品出售，如：北京市林业果树研究所的"大果宝"、中国农业科学院郑州果树研究所的葡萄膨大剂和赤霉素等。

促进果粒膨大在无核葡萄品种上更有重要意义。一般来说，葡萄的无核品种果粒都较小，但无核葡萄品种的品质很好，果粒的增大可大大提高其商品性。

促进葡萄果粒膨大的生长调节剂的用法为：对于欧亚种的栽培品种处理方法是分两次处理，第一次为盛花期，即每花序上有80%的花朵开放时应用；第二次在开花期后 10~15 天进行处理。对于巨峰系品种也分两次处理，第一次为开花期后一周，第二次为开花后期 15 天左右。

（4）巨峰系品种的无核化处理。无核化处理是针对有核品种来说的，对葡萄的无核化处理，各个品种的适应性差别较大，较为适合的巨峰系品种有巨峰、先锋、黑奥林、红富士等。处理时间为：盛花前 2~5 天，尽量接近开花期，以减少处理的副作用。处理方法：用配比好的药剂蘸穗或用小型的喷雾器进行喷洒，常用的药剂为赤霉素等。

二、果实套袋

给葡萄果实套袋可以极大地减少葡萄果实病虫害的发生，减少裂果，防止药剂污染，生产出无公害的绿色食品，提高果品的商品价值。给葡萄果实套袋应在果穗整形后立即进行（彩图 6-3-1）。

（一）葡萄套袋栽培的效果

（1）防止病、虫为害果实。葡萄的主要病害如霜霉病、黑痘病、炭疽病、白腐病等，都是传染性病害，其中白腐病和霜霉病是造成近几年葡萄减产乃至导致绝收的主要原因之一。果实套袋后，由于纸袋的保护作用，使果穗与外界隔离，阻断了病菌对果实的侵染途径，有效地起到防止病菌侵染的作用，同时还可以避免害虫入袋为害果实，从而防止病虫害的发生。有些防病防虫专用袋（如防茶黄螨、蓟马专用袋等）还涂有杀虫剂、杀菌剂，可以有效避免进入袋内的病菌和害虫为害。

（2）有效地防止、减轻日灼。葡萄幼果期遇高温天气在强光下果粒易产生日灼。

（3）减轻裂果。葡萄果粒裂果的原因：遗传因子，如绯红；病害因子，如白粉病果粒；挤压因子，因果粒膨大过程由于果穗太紧密，中部果粒挤破；生理因子，土壤水分时干时湿，当水分短期大量进入果粒会导致裂果。裂果期下雨，植株根系大量吸水，果穗、蔓叶也会直接吸收少量水分，果穗套袋，免受雨淋，不直接吸收水分，能减轻裂果；但不能防止裂果，因根系吸收水分是主要的。

果穗套袋后，果袋不仅阻止了果面直接吸水，而且可以保持果粒周围环境湿度的相对稳定，减轻了果粒的干湿变化幅度，能有效地防止葡萄果顶部的裂果，即使发生裂果，果粒也能形成干缩状，一般不传染好的果粒，危害较小，因而成为防止葡萄裂果的一项重要措施。但套袋对果蒂部裂果的防治效果较差。

（4）防止、减轻鸟类食害。随着保护鸟类的深入开展，麻雀已列为二类保护动物，鸟类食害葡萄果粒日益严重。既要保护鸟类，又要防止鸟类食害，必须采取保护措施。选用既防病虫、日灼的危害，又能防止鸟类食害的果穗袋，在套袋期间能防止、减轻鸟类的危害。

（5）防止果面污染，降低农药残留。一般栽培条件下，葡萄果实在生长过程中会受到各种灰尘、杂物、废气等的污染，加上多次喷药，特别是波尔多液等农药，一方面使果穗表面沾满了杂物，食用时脏污难以去除；另一方面果粒中的农药残留等有毒有害物质的含量增加，因而降低了葡萄的商品价值。而果穗套袋后，由于果穗受到纸袋的保护，与外界环境隔离，不仅避免了灰尘杂物的污染，保持果粒完整，使果面整洁、干净、美观，而且还可以阻隔农药直接喷布于果面，同时还可以减少喷药次数，降低果实中有毒有害物质的残留，生产无公害果品。

（6）提高果品质量和浆果耐贮性。能提高果穗外观品质。套袋的果穗，防除了药液的斑点和灰尘，使果面洁净，果粒完整，颜色鲜艳，色调明快，展现了该品种的固有色泽，极大地提高了果实的商品价值。

（7）增强果实的耐贮性。葡萄果实汁多柔软，无论皮薄还是皮厚，在贮运过程中，都存在因挤压而造成果粒脱落、破损、腐烂等问题。果穗套袋后，一是套袋尽管降低了果实可溶性固形物含量，但提高了果实硬度，增强了耐贮性；二是由于果袋的保护，使果实受到病虫侵染的机会减少，果面伤口少，贮运期间不易受病虫侵害；三是带袋采收可使整个果穗形成一个整体，增强抗压力，减轻挤压损失；四是可以等到适宜贮运的成熟度，进行分期分批的采收，不必担心后期的病虫侵害，从而提高果实的贮运性能。

（二）套袋栽培存在的问题

我国葡萄果穗套袋由于起步晚、时间短，在应用过程中表现为"应用在先，研究落后"。因而在果袋销售市场中适宜各生产区的系列果袋少，低劣纸袋充斥市场，缺乏统一的标准，缺乏规范的套袋配套技术，不合理使用套袋给果农带来损失的事件屡屡发生。存在的问题表现在如下方面。

（1）低档劣质果袋所占比例较大。目前果袋市场质量良莠不齐，伪劣纸袋大量上市，这些果袋虽然价格较低，但质量较差，生产中应用会带来巨大损失。有的纸袋纸质差，强度不够，风吹、雨淋、日晒极易破损，有的劣质涂蜡纸袋会造成袋内温度过高，灼伤幼果。

目前很多果袋是用旧报纸、普通花纸、黄条纹纸等黏糊而成，南方用于巨峰、藤稔、京亚等欧美杂种葡萄的果袋多数是用旧报纸，由果农自己黏糊或缝制，有的欧亚种葡萄也用旧报纸袋。这类果袋疏水差，抗拉力差，极易破损，纸袋没有经药物处理，并有油墨污染，不符合无公害栽培的果袋质量。

（2）不分地区、不分品种盲目选用果袋。我国葡萄生产现状是品种多、地域广，气候类型多样而复杂，而各葡萄产区没有研制出适宜不同品种、不同气候类型的果袋。一纸多用、一袋多用极为普遍。果袋厂生产的不同规格的果袋仅以大小而分为小号袋、中号袋、大号袋，这与我国葡萄生产的品种、地域、气候多样性极不适应。美人指、红地球品种果袋防病、防虫、保持果面光洁的同时，防日灼是主要目的，有的用透气塑膜袋，易使袋内温度升高的白纸袋用在这两个品种上会加重日灼。

（3）缺乏规范的套袋配套技术。在葡萄套袋应用中，研究和规范与之相配套的栽培技术是极为重要的环节，各主要生产区如在套袋时期、套袋时间、摘袋时期掌握不准，套袋前配套技术配合不当，套袋后管理（特别是遭遇异常气候）不到位，都会造成损失。

（4）科研滞后，缺乏统一标准。近几年葡萄套袋发展较快，套袋面积迅速扩大，而对套袋生物学研究、果袋质量选择及制造工艺研究，适宜不同品种、地域、气候类型专用袋的生产技术标准参数研究等仅少数科研单位刚开始起步；依据各葡萄主产区的气候特征、品种，总结推广各自独特的配套技术尚未普遍开展，套袋技术培训基本没有进行；至今果袋没有地方质量标准，更没有全国质量标准，果袋质量无序等，均影响套袋的增效增值，有的甚至减效减值。

（三）套袋技术

1. 纸袋种类的选择

葡萄套袋应根据品种以及不同地区的气候条件，选择使用适宜的纸袋种类。一般巨峰系葡萄采用巨峰专用的纯白色经过双氧水处理的聚乙烯纸袋为宜；红色品种可用透光度大的带孔玻璃纸袋或塑料膜袋。但生产中应注意选择使用葡萄专用的成品果袋。

葡萄用纸袋种类很多，主要依据由原纸质地、透光光谱和透光率、涂药配方、捆扎丝的放置位置、袋子的规格及式样等几个方面来进行区分。

（1）原纸质地。要求重量较轻，纸质经过强化，对果实增大无不良影响；透明度高，能提高果实可溶性固形物含量，促进着色，提早成熟；透气性、透湿性强，有效防止日灼、裂果等生理病害。

（2）透光光谱和透光率。目前关于光谱对葡萄花色苷形成的影响研究尚嫌不足，一般认为紫外光有利于葡萄的着色。据刘小海（1997年）报道，用原纸色调波长 560~580 纳米，透光率 23.94%~26.43%范围内的果实袋套袋后，葡萄的可溶性固形物含量较高，比不套袋果高 0.97%~1.58%，说明在一定色调光谱条件下，透光率过高或过低对葡萄可溶性固形物含量均有一定的影响，调整果实的透光率对提高葡萄可溶性固形物含量有一定效果。

（3）涂药配方。葡萄用果袋有不涂药普通袋和涂有各种药剂的防虫、防病专用袋。普通袋可通过隔离作用减轻病虫危害，但对进入袋内的病原菌及害虫无能为力，而涂药袋可以有效地杀灭入袋害虫及病菌。当然，即使是防病、防虫袋，在套袋前也要按防治病虫的要求，仔细地喷布农药，并且袋口一定要扎严扎紧。涂药袋在存放时，需要注意的是在冷凉的暗处密封保存，以防药剂失效。

（4）纸袋规格。葡萄用袋的规格要根据不同品种的穗形大小来选择，一般有 175 毫米×245 毫米、203 毫米×290 毫米等几种类型，在袋的上口一侧附近有一条长约 65 毫米的细铁丝作封口用，底部两角各有一个排水孔。用塑料薄膜制成的果袋还要有多个透气孔。

2. 套袋时期

葡萄套袋要尽可能早，一般在果实坐稳定、整穗及疏粒结束后立即开始，赶在雨季来临前结束，以防止早期侵染的病害及日灼。如果套袋过晚，果粒生长进入着色期，糖分开始积累，不仅病菌极易侵染，而且日灼及虫害均会有较大程度的发生。另外，套袋要避开雨后的高温天气，在阴雨连绵后突然晴天，如果立即套袋，会使日灼加重，因此要经过 2~3 天，使果实稍微适应高温环境后再套袋。

3. 套袋方法及注意事项

（1）套袋方法。套袋前，全园喷布 1~2 遍杀菌剂，重点喷布果穗，或用药液浸蘸果穗，待药液晾干后再开始套袋。套袋时先撑开袋口，使果袋张开，两手用手指握住已张开两边的袋口，从下而上将果穗套在袋内，然后将袋口从两边向中间穗轴处折叠，将撕折袋口的铁丝反转将袋口扎在穗轴上，袋边没有黏铁丝的用自备的铁丝或其他扎袋带将折叠好的袋口扎在穗轴上，使果穗悬空在袋中。

（2）套袋注意事项。

①按果穗大小选用不同型号的袋。大穗形用大号袋，小穗形用小号袋。套袋时要分批操作，先套大穗形或小穗形，不要大小型袋混合套。

②袋口要折叠好，扎铁丝时松紧适度。太松，雨水会从穗轴流入果穗内，增加袋内湿度，甚至一些病菌随雨水流入果穗中，导致袋内发病。

③穗轴着果部位至穗轴基部较短的果穗，袋口可扎在结果枝上。

④两穗紧靠的果穗要单果分开套袋，不宜双果套在一个袋中。

⑤套袋结束后检查一遍。袋口未扎好或扎的太松的应重扎，果穗漏套的应补套好。没有几颗葡萄的小穗也应套好，否则会成为病菌繁殖源。

4. 套袋期的管理

（1）破袋及时更换补套。经常检查果袋破损情况。导致果袋破损的原因：①果袋质量差，如旧报纸袋和一些劣质纸袋；②遇大风暴雨，劣质纸袋和旧报纸袋极易破损；③果袋太小，果穗膨大过程中胀破；④鸟害导致破损；⑤果穗由于果粒太紧密，膨大过程挤破果粒，流出果汁，导致果袋破损；⑥果穗内发病导致烂果，流出果汁导致烂袋等。发现破损将原袋除去，烂粒果、病粒果、虫害果、鸟食果剪去，补套新袋。不宜在旧袋外套新袋，一是烂果、病果、虫害果、鸟食果未剪除，还会使好果粒腐烂，已烂果发霉，污染好果；二是套双袋影响袋内光照，影响着色。

（2）膨胀袋及时调换。大袋套大穗，小袋套小穗在实际操作中很难做到，大穗形品种果实膨大过程中未到成熟采收期，果袋已胀得鼓鼓的，如用劣质纸袋、旧报纸袋会胀破，用塑膜袋、优质纸袋是胀不破的，会影响果粒的膨大。因此在果实第二膨大期要经常检查鼓胀袋，要及时调换，一则不影响果粒膨大，二则袋尚未破还可利用。

（3）脱落袋和袋口松开袋及时重套和重扎。经常查看果袋时发现脱落袋及时重套，发现袋口松开袋及时重新扎紧。

5. 除袋时期及方法

葡萄除袋时，不要将纸袋一次性摘除，先把袋底打开，使果袋在果穗上部戴一个帽，以防止鸟害及日灼。去袋时间宜在 10 时以前和 16 时以后，阴天可全天进行。

三、二氧化碳气体肥料在保护地栽培中的应用

设施条件下，由于保温需要，常使葡萄处于密闭环境，通风换气受到限制，造成设施内 CO_2 浓度过低，影响光合作用。研究表明，当设施内 CO_2 浓度达室外浓度（340 微克/克）的 3 倍时，光合速率提高 2 倍以上，而且在弱光条件下效果明显。天气晴朗时，从上午 9 时开始，设施内 CO_2 浓度明显低于设施外，使葡萄处于 CO_2 饥饿状态。因此，CO_2 施肥技术对于葡萄设施栽培而言非常重要。

（一）二氧化碳施肥技术

（1）多施有机肥。在我国目前条件下，补充二氧化碳比较有效的方法是在棚室土壤中增施有机肥，而且增施有机肥同时还可改良土壤、培肥地力。

（2）施用固体二氧化碳气体肥料。由于对土壤和使用方法要求较严格，所以该法目前应用较少。

（3）燃烧法。煤、焦炭、汽油、煤油、沼气、液化气或天然气等燃烧可生成二氧化碳，该方法使用不当容易造成 CO 中毒。

（4）干冰或液态CO_2。该法使用简便，便于控制，费用也较低，适合附近有液态CO_2副产品供应的地区使用。

（5）加强通风换气。通风时要注意开花坐果期以前只开上面的通风口，坐果后温度较高时，除开上部通风口外，还应将下部通风口打开。如棚室持续高温不下，要加大全天通风换气时间，以降低温度和增加室内二氧化碳含量。

（6）化学反应法。利用化学反应法产生CO_2，操作简单，价格较低，适合广大农村的情况，易推广。目前应用的方法有：盐酸—石灰石法、硝酸—石灰石法和碳铵—硫酸法，其中碳铵—硫酸法成本低、易掌握，在产生CO_2的同时，还能将不宜在设施内直接施用的碳铵，转化为比较稳定的可直接用作追肥的硫酸铵，是现在应用较广的一种方法。但使用硫酸等具有一定危险性。

（7）二氧化碳生物发生器法。利用生物菌剂促进秸秆发酵释放二氧化碳气体，提高设施内的二氧化碳浓度。该方法简单有效，不仅释放二氧化碳气体，而且增加土壤有机质含量，并且提高地温。具体操作：在行间开挖宽30~50厘米，深30~50厘米，长度与树行长度相同的沟槽，然后将玉米秸、麦秸或杂草等填入，同时，喷洒促进秸秆发酵的生物菌剂，最后秸秆上面填埋10~20厘米厚的园土。园土填埋时注意两头及中间每隔2~3米留一个宽20厘米左右的通气孔，为生物菌剂提供氧气促进秸秆发酵发热。园土填埋完，从两头通气孔浇透水。

（二）CO_2施肥注意事项

于叶幕形成后开始进行CO_2施肥，一直到棚膜揭除后为止。一般在天气晴朗、温度适宜的天气条件下于上午日出1~2小时后开始施用，每天至少保证连续施用2~4个小时，全天施用或单独上午施用，并应在通风换气之前30分钟停止施用较为经济。阴雨天不能使用。施用浓度以1 000~1 500毫升/升为宜。

下篇

葡萄病虫害识别与
综合防治技术

第七章　葡萄真菌病害

葡萄常见的真菌性病害有：霜霉病、白腐病、黑痘病、炭疽病、灰霉病、白粉病、穗轴褐枯病、褐斑病、房枯病、蔓割病和黑腐病等。其中，霜霉病、炭疽病、灰霉病、白腐病和黑痘病在我国普遍发生，不采取措施进行防治或防治不力，会导致严重损失，被列为我国葡萄上的重要真菌性病害。白粉病、穗轴褐枯病、褐斑病在我国也普遍发生，但仅在个别地区或个别品种上严重或在特殊的栽培方式上严重，被列为我国葡萄上的主要真菌性病害。

第一节　葡萄霜霉病

葡萄霜霉病是世界和我国的第一大葡萄病害。1878 年之前，对霜霉病知之甚少。由于根瘤蚜的传播和为害，欧洲从美洲引进抗根瘤蚜苗木，导致霜霉病传播到欧洲。1878 年在法国的西南部发现霜霉病，1882 年传遍法国，1885 年传播到整个欧洲大陆。1885 年法国人米亚尔代在波尔多地区发明波尔多液，不但成为控制霜霉病的有效药剂，而且成为农药发展历史上的重要事件，具有划时代的意义。我国葡萄霜霉病没有传入记录。从文献上看，我国葡萄在 20 世纪 80 年代才开始严重为害。霜霉病在春夏季多雨潮湿的地区发生严重，比如欧洲、日本、新西兰、南非、阿根廷、澳大利亚东部以及我国的大部分地区。冬季和春季寒冷（没有雪）的地区，会抑制霜霉病的发生。霜霉病主要为害叶片，造成叶片早落、早衰，影响树势和营养贮藏（果实、枝条、根系），从而成为果实品质下降、冬季冻害（冬芽、枝条、根系）、春季缺素症、花序发育不良的重要原因。如果霜霉病发生早（春季多雨地区），为害嫩梢，嫩梢扭曲、死亡，为害花序和小幼果，严重时造成整个或部分花序（果穗）干枯、死亡，发病较轻或使用杀菌剂控制住病害后，则会加重中期的气灼病和转色期的干梗。

一、症状

霜霉病可以侵染葡萄的任何绿色部分或组织，但主要是叶片，也为害花序、花蕾、果实、新梢等。霜霉病最容易识别的特征是在叶片背面、果实病斑、花序或果梗上产生白色的霜状霉层。

（一）叶片症状

霜霉病为害叶片，初期为细小、淡黄色、水浸状的斑点，而后在叶正面出现黄色或褐色、不规则、边缘不明显的病斑（彩图7-1-1），背面形成白色霜霉状物（彩图7-1-2）。叶片的老化程度不同（主要是嫩叶和老叶），被侵染时间的长短也不同，正面病斑的颜色也会有不同，如浅黄、黄、红褐色；病斑的形状也有不同表现，如没有明显边缘的叶斑和叶脉限制的角状斑。发病严重时，整个病斑连在一起，叶片焦枯、脱落（彩图7-1-3至彩图7-1-5）。

（二）花梗、果梗、新梢、叶柄症状

霜霉病为害果梗、花梗、新梢、叶柄，最初形成浅颜色（浅黄色、黄色）水浸状斑点，之后发展为形状不规则的病斑，颜色变深，为黄褐色或褐色。天气潮湿时，会在病斑上出现白色霜状霉层；空气干燥时，病部凹陷、干缩，造成扭曲或枯死。开花前后的霜霉病，如果侵染花序、果梗或穗轴，使用内吸性杀菌剂后症状消失，但后期（转色期前后）容易造成干梗（彩图7-1-6至彩图7-1-8）。

（三）花蕾、花、幼果症状

最初形成浅绿色病斑，之后颜色变深，呈深褐色。开花前后造

成落花落果。大一些的幼果，感病初期，病斑颜色浅，为浅绿色，之后变深、变硬，随果粒增大形成凹陷病斑，天气潮湿时，也会出现白色霜状霉层；天气干旱、干燥时，病粒凹陷、僵化、皱缩脱落（彩图7-1-9至彩图7-1-12）。

二、病原

引起葡萄霜霉病的病原菌是 *Plasmopara viticola*（Berk & Curtis）Berl et deToni，属鞭毛菌亚门、霜霉目、单轴霉属真菌，是专性寄生菌。在寄主组织内的菌丝为管状、多核，直径为8~10微米，菌丝上有直径为4~10微米圆形吸器，吸器用褶皱伸入寄主的细胞膜。

无性阶段的孢子囊为其繁殖体。孢囊梗1~20枝成簇，从气孔伸出。孢囊梗无色、透明，呈单轴分枝，分枝处成直角，末端的小梗上着生孢子囊。孢子囊无色、单胞、倒卵形或椭圆形，大小为（12~30）微米×（8~18）微米，顶部有乳头状突起。孢子囊在自由水（水滴、水膜）中产生1~10个具有双鞭毛的游动孢子，游动孢子大小为（6~8）微米×（4~5）微米。游动孢子从孢子囊顶头（与着生处相对）或从乳头状突起的孔或直接穿孔，释放出来。游动孢子一般单核。游动孢子有两根鞭毛，在水中游动后会失去鞭毛（半小时左右），变为静止孢子，产生芽管，由气孔侵入寄主（彩图7-1-13）。

有性阶段产生卵孢子。病菌的卵孢子在初夏就可以形成，卵孢子的直径一般20~120微米，由皱折的细胞壁（比较厚）和双层膜包被，褐色。卵孢子一般在病叶上（在老病叶上）形成，偶尔在其他病组织中也可以形成。第二年的春天，在自由水中卵孢子萌发，产生1个（偶尔2个）细长的芽管，芽管直径2~3微米，但长度变化比较大，在芽管的顶端形成一个梨形的孢子囊，这个孢子囊大小为28微米×36微米左右，能产生30~56个游动孢子。

三、发病规律

霜霉病病原菌越冬与初侵染：病原菌主要以卵孢子在落叶中越冬。在冬季温暖的地区或年份，可以以菌丝在芽或没有落的叶片上越冬。卵孢子越冬的存活量（几率）与土表面的湿度有直接关系，而温度对存活影响不大。越冬后，当温度达到11℃时，卵孢子萌发，在自由水（水滴、水膜、水中）中产生孢子囊，孢子囊释放游动孢子，游动孢子通过雨水飞溅传播到葡萄上，成为春天的最初传染源。孢子由气孔侵入寄主组织，经潜育期发病，又产生孢子囊，进行再侵染。

孢子梗、孢子囊的形成，需要至少4小时的黑暗条件、95%～100%的湿度，并且只能从气孔中长出来。孢子形成的最佳温度为18～22℃。孢子囊自孢囊梗上分离需要高湿条件。孢子囊借助气流飞落到叶片，并在自由水中萌发（最适温度为22～25℃）产生游动孢子。游动孢子游动到气孔，脱去鞭毛，成为静止孢子。静止孢子萌发产生芽管，由气孔侵入寄主。在合适条件下，游动孢子从萌发到侵入一般不会超过90分钟。

孢子囊一般在晚上形成，并且在阳光下几小时内就失去活性，所以，霜霉病的侵染一般发生在早晨。自侵染到发病（出现症状）需要4天，但由于叶片的老化程度不同、品种不同、温度和湿度不同，潜育期的长短也有区别，一般为4～13天，甚至超过20天。

霜霉病的发生及发生程度取决于叶片上的水分，空气湿度起辅助作用。任何使水分在叶片等被侵染的组织上存在或增加的因素，都会导致霜霉病的发生。潮湿的冬天，紧接着为多雨、潮湿的春天，连接上夏天的雨水，霜霉病发生早且重。因为潮湿的冬天卵孢子越冬基数（成活率）高；多雨潮湿的春天导致发生早；夏季的雨水不但提供了暴发的条件，而且会刺激新梢、幼叶的生长和组织含水量的增加，使植株更加感病（抗病性降低），从而导致病害流行和大暴发。温度对霜霉病的影响不是决定因子，霜霉病发生的最适宜温度为 22~25℃，一般在 10~30℃，高于 30℃ 或低于 10℃ 都会抑制霜霉病的发生。

四、防治技术

任何降低湿度和水分、减少病原的措施，都能减轻霜霉病的发生，包括完善的排涝体系、田园卫生（清园措施、处理落叶和病残组织）、田间管理（合理叶幕，通风透光性良好；夏季控制副梢量等）等具体措施。虽然这些措施非常重要和必要，但使用化学药剂进行防治仍必不可少。

（一）消毒措施

新发展地区（距现有葡萄园有比较远的距离）通过种条、种苗的消毒，不携带病原菌，可以维持多年没有霜霉病。

（二）农业防治

合理水、肥；合理叶幕，保证通风透光性良好；夏季控制副梢量；休眠期清洁果园。

（三）物理机械防治

人工去除病叶、避雨栽培。

（四）生物防治

生物制剂的应用，比如农抗 120。

（五）化学防治

1. 保护剂杀菌剂

50% 保倍水分散粒剂：3 000~4 000 倍液，是目前最优秀的杀菌剂之一，杀菌谱广，几乎对所有真菌有效，而且保护时间特长，1个月左右，安全性好，特别适于花前花后施用，连续施用 2~3 次，还能起到一定的增产和提高果品质量的作用。因产品价格较高，建议在非常关键期施用，如套袋前对穗部的处理、喷雾等，多雨地区雨季来临前整园喷雾，或者雨季对新发副梢的处理，控制霜霉病对副梢感染。

50%保倍福美双WP：在葡萄上，作为优秀保护剂可以用于花前、花后和关键时期，发挥其广谱和持效长的优点。也可以用于霜霉病大发生时，与治疗剂配合使用。一般施用1 500~2 000倍液。

80%水胆矾石膏（波尔多液）WP：施用500~800倍液，铜制剂，触杀性，可用于发病前的预防或发病后和治疗剂的配合使用，开花前、雨季都可以施用。

42%代森锰锌SC：广谱保护性杀菌剂，安全性好，花前、花后、小幼果期均可施用，耐雨性极好，特别适宜在雨水较多的地区，或者雨前施用。一般用600~800倍液。

25%吡唑醚菌酯EC：是最新型的线粒体呼吸抑制剂，对霜霉病有较好的预防作用和一定的治疗作用，并对其他一些高等真菌有效，持续时间长，有较好地刺激生长和增产的作用。

80%代森锰锌WP：广谱保护性杀菌剂，600~800倍液。

波尔多液：最普通的杀菌剂。施用1：（0.5~1）：（200~240）倍液。套袋葡萄套袋后、大幼果期、葡萄采收后等可以施用。雨季8天左右一次；干旱时15~20天一次。

30%王铜（氧氯化铜）：800~1 000倍液，发芽前后到花序分离可以施用；套袋葡萄套袋后、采收后施用，不套袋的耐药葡萄，大幼果期以后施用，价格低廉，只相当于波尔多液的1/2。

0.3%苦参碱乳油：600倍液，防治霜霉病，兼治虫害。

2. 内吸性杀菌剂

50%金科克：金科克是高含量烯酰吗啉药剂，具有优异的内吸传导性，是葡萄霜霉病的特效治疗剂，但连续施用较易产生抗性，建议不连续使用，每个生长季节最好不超过2次，最多3次。金科克是在科克（50%烯酰吗啉）基础上改造成的，含高效治疗辅助剂，活性更高，成本更低，不易产生抗性。50%金科克在葡萄上施用4 000~5 000倍液；或者4 500倍液与保护剂混合施用，均匀喷药；发病严重时，3 000倍液与保护剂混合施用；或利用优异的内吸性，在连续下雨天气的雨水间歇期，施用1 000~1 500倍液喷雾

（带雨水或露水喷雾），作为特殊天气条件下的紧急措施。

80%霜脲氰水分散粒剂：霜脲氰具有渗透性，在药剂喷洒到的地方，能进入葡萄植株内部，杀菌和抑菌。由于近几年的大量应用和盲目施用，抗药性比较重。目前常见的是72%或36%的与代森锰锌的混配产品，因霜脲氰的含量有限，很难取得理想效果，建议按照保护性杀菌剂施用。80%霜脲氰水分散粒剂施用2 500倍液，与保护性杀菌剂混合或配合施用，可以作为霜霉病的跟进治疗措施。

25%精甲霜灵：甲霜灵是霜霉病的特效内吸治疗性药剂，但1981年在法国、南非等地发生抗药性，在我国也开始产生严重的抗药性。甲霜灵是目前我国唯一一个因为抗药性严重发展而被取消（单剂）登记的杀菌剂。精甲霜灵是甲霜灵的高效体，活性是甲霜灵的2倍以上，25%精甲霜灵可以2 500倍液（病重时用2 000倍液）与保护性杀菌剂混合施用，减缓抗性产生、增加药效。

霜霉威：72.2%水剂，施用剂量为600倍液左右，是葡萄霜霉病的有效治疗剂。

三乙磷酸铝（乙磷铝、疫霜灵）：90%、80%、85%剂型，施用600倍液。三乙磷酸铝能上下传导，是防治葡萄霜霉病的有效药剂，但在有些地区抗性较重。建议与其他药剂交替施用、在产生抗性的地区节制施用。

3. 混配制剂

目前的混合制剂，保护性的杀菌剂一般选择代森锰锌。因代森锰锌的杂质或质量问题（有些质量不好，容易引起植物毒性；杂质含量高容易产生药害），有些产品容易产生药害，造成严重损失。所以，要慎重选择和施用混合性杀菌剂。对葡萄霜霉病效果较好的混合制剂有：

氟吗啉·锰锌：制剂为60%氟吗啉·锰锌WP，施用600倍液。

烯酰吗啉·锰锌：制剂为69%烯酰吗啉·锰锌WP，施用600

倍液。

缬霉威·丙森锌：66.8%WP，施用700~800倍液等。

第二节　葡萄炭疽病

葡萄炭疽病是在成熟期或成熟后为害葡萄，是我国重要病害之一。美国于1891年最先报道此病害，之后在世界很多地区相继发现。从世界范围看，葡萄炭疽病在不同的年份和地区，发生和为害程度不同，但近些年圆叶葡萄有加重为害的趋势。在我国，南方产区（黄河以南，尤其是长江流域及以南地区）发生比较普遍，有些年份非常严重；北方地区（河北、东北、山西、陕西、河南和山东北部），尤其是环渤海湾地区的炭疽病为害比较重，主要是在酿酒葡萄，其他地区发生轻微，造成危害的年份很少；西部地区，如新疆、甘肃、宁夏等，很少或几乎没有炭疽病。

炭疽病病菌不但侵染葡萄，而且为害苹果、杧果、茶、枸杞、橡胶、杉木、番茄等作物，主要造成果实腐烂，也出现叶斑等症状。

一、症状

炭疽病主要为害果实，也侵染穗轴、当年的新枝蔓、叶柄、卷须等绿色组织。在幼果期，得病果粒表现为黑褐色、蝇粪状病斑（彩图7-2-1），但基本看不到发展，等到成熟期（或果实呼吸加强时）发病。成熟期的果实得病后，初期为褐色、圆形斑点，而后逐渐变大并开始凹陷，在病斑表面逐渐生长出轮纹状排列的小黑点（分生孢子盘），天气潮湿时，小黑点变为小红点（肉红色），这是炭疽病的典型症状。严重时，病斑扩展到半个或整个果面，果粒软腐，或脱落或逐渐干缩形成僵果（彩图7-2-2至彩图7-2-10）。我国有报道，炭疽病可以在穗轴或果梗上形成褐色、长圆形的凹陷病斑，影响果穗生长，发病严重时造成干枯，影响病斑以下的果粒（失水干枯或脱落）。

穗轴、当年的新枝蔓、叶柄、卷须得病，一般不表现症状，在第二年有雨水时产生分生孢子盘，并释放分生孢子成为最主要的侵染源。

二、病原

在 VonArx（1957）炭疽菌分类经典论文发表以前，Toro（1927）、Ashby（1934）、Chakravaty（1957）均有葡萄炭疽菌的报道。但长期以来在炭疽菌属、种上的划分较为混乱，异名近 600 种，其中使用最广泛的属名有：丛刺盘孢属（*Vermicularia* Tobeex Fr.）（1825）、刺（毛）盘孢属（*Colletotrichum* Cda）（1831）、盘长（圆）孢属（*Gloeosporum* Desmet Mont）（1849）和盘圆孢属（*Gloeosporiumauct* Vsensu Sacc.）（1882）。以上 4 属是根据分生孢子盘上刚毛的有无、多少和着生状态等划分。1957 年 Javonarx 报道，刚毛的有无、多少不是稳定性状，不能作为分类依据，建立了以自然基物上繁殖体形态学为基础的炭疽菌分类系统，主要是分生孢子和附着胞形态。只有刺（毛）盘孢属（*Colletotrichum* Cda）是唯一合法的炭疽菌属名。中文名由刺（毛）盘孢属改为炭疽菌属。国内王晓鸣、李建义（1987），根据 Arx（1957，1970）和 Sutton（1980）的分类系统，提出自然形态特征为主、培养特征和寄主范围为辅的综合特征作为分类的依据。

引起葡萄炭疽病的病原菌是胶孢炭疽菌［*Colletotrichum gloeosporioides*（Penzig）Penz. & Sacc.］和尖胞炭疽菌（*Colletotrichum acutatum*）。胶胞炭疽菌（*C. gloeosporioides*）寄主繁多，分布范围广泛，发现于 19 世纪 80 年代末，属半知菌亚门，黑盘孢目，炭疽菌属，它的有性态是围小丛壳菌［*Glamerlla cingulata*（Stonem）Schret Spauld］属子囊菌，球壳目，自然条件下罕见。在中国引起葡萄炭疽病的主要是胶胞炭疽菌（*C. gloeosporioides*）。

随着分子生物学技术的迅速发展，对真菌分类的研究从细胞水平发展到分子水平，利用分子标记技术进行真菌分类鉴定已逐渐被人们所采用，使炭疽菌的鉴定达到了一个新的水平。PCR 特异性扩增法、ap - PCR 法、A+T 富集区分析法、RAPD 法、PCR-RLFP 法、AFLP 法及 rDNA 的 ITS 序列测定法已被应用于 *C. acutatum*、*C. gloeosporioides*、*C. coccodes*、*C. fragamine* 以及其他种的鉴定（Brown 等，1996；Freeman 等，2000）。其中 RAPD 技术与 ITS 的序列分析是炭疽菌分类鉴定中应用较多的两种手段。

胶孢炭疽病病菌 [*Colletotrichum gloeosporioides* (Penz.) Penz. & Sacc] 属半知菌亚门，腔孢纲，黑盘孢目，黑盘孢科，刺盘孢属，称为"盘长孢状刺盘孢"。分生孢子盘产生于表皮下，成熟后突破表皮。分生孢子盘排列一圈，为圆形，随着病斑的扩展，成为多个"圆圈"，为轮纹状排列。分生孢子盘释放黏状、肉红色分生孢子。分生孢子梗无色，单胞，圆桶状或棍棒状，大小为（12~26）微米×（3.5~4）微米；分生孢子无色、单胞，圆形或椭圆形，有的略弯曲，大小变化比较大，一般（10.3~21）微米×（3.3~6）微米。

有性阶段 *Glomerella cinggulata* (Ston.) Spauld et Schrenk，属于子囊菌，核菌纲，球壳菌目，疔座霉科，小丛壳属，称为"围小丛壳"。围小丛壳的子囊壳聚生，在病斑上排列为轮纹状，瓶型，深褐色，直径 125~320 微米，子囊棍棒形，无柄，（55~70）微米×（9~16）微米，壁可消解。子囊孢子椭圆形，略弯，无色，单胞，（12~28）微米×（3.5~7）微米。自然条件下没有在葡萄上发现有性阶段。

三、发病规律

葡萄炭疽病病菌主要以菌丝在当年的绿色枝条（一般是结果母枝）上越冬，病枝条与健康枝条没有区别。病菌一般在皮层中，并且靠近节、叶柄痕迹、果柄等处比较多。残留在葡萄架或植株上的病果穗、穗轴、卷须、叶柄等，也是病原菌越冬的场所，成为第二年病原菌的来源。带病菌的枝条被水湿润后，开始形成分生孢子盘和分生孢子；孢子的形成与温度有关：10~35℃形成，最适温度为25~28℃；25℃时需要9小时、20℃需要24小时、14℃需要38小时，形成分生孢子；25℃下36小时形成的分生孢子开始大量增加。

一般情况下，在经常发生炭疽病的葡萄园，去年的枝条、与枝条相连接的部分（卷须、叶柄、果穗柄）、病果穗和病果粒，是第二年侵染的病菌来源。葡萄炭疽病有两个侵染过程：

第一，带病的越冬组织（比如枝条、卷须等）经过水（雨水）充分湿润后形成分生孢子盘和分生孢子。分生孢子随着雨水飞溅，传播到新梢、叶片、叶柄、卷须、果柄、果实上，并造成侵染。对于果粒，孢子在果粒表面萌发，芽管先端生长出附着胞，10日后附着胞上的菌丝通过角质层进入皮层细胞，直接侵入。除果实外，其他组织基本不发病，成为下一年的病原。这种侵染，一般在春季或雨季完成。

第二，被侵染的果实，在幼果期一般不发病，出现小黑点状病斑，等到成熟期发病；如果果实已经着色或成熟，侵入后经过6~8天的潜伏期表现症状。表现症状的葡萄粒出现小黑点，而后产生粉红色的分生孢子团或块，借雨水飞溅或昆虫等传播到健康果粒或枝条等。

对于春季和初夏雨水多的地区，或晚熟品种，两个侵染过程发生的时间不同。第一个侵染过程发生时间早，侵染的枝条、卷须、叶柄等成为明年的病原；被感染的果粒，成为转色或成熟期发病基数；第二个过程，是已经被侵染的果粒成熟期发病，继续造成传播与侵染。所以，防治的关键是抓住第一个过程。第一个过程主要发生在开花前和幼果期。

对于春季和初夏干旱的地区（而中后期雨水多），或早熟、中熟品种，会造成两个侵染过程发生的时间重叠，增加了防治炭疽病的难度。但是，开花前后是最重要的防治时期。炭疽病与雨水的多少和时间有直接的关系。每次降雨，如果枝条的湿润时间足够，都会造成分生孢子的产生和传播。

同时，水分是炭疽病侵入葡萄的条件。连续湿润 7～12 小时，炭疽病菌能在果穗或果粒上完成侵入；连续湿润 9 小时，带菌的枝条上可以产生分生孢子。如果分生孢子传播到果粒或果穗，高湿度也能造成病菌的侵入。

炭疽病的发生和发生程度，与栽培措施有关。这种关系来源于栽培措施是否增加了果穗周围的湿度和增加了病菌的传播。增加湿度、增加传播的栽培措施有利于病害的发生和流行；减少湿度、减少传播机会的栽培措施不利于病害的发生和流行。

不同的品种抗性不同。据资料记载，刺葡萄等品种比较抗炭疽病；意大利、巨峰、红富士、黑奥林等品种抗性中等；贵人香、长相思、无核白、白牛奶、无核白鸡心、葡萄园皇后、玫瑰香、龙眼等品种比较敏感。

四、防治技术

田间卫生是防治炭疽病的基础。具体做法就是把修剪下的枝条、卷须、叶片、病穗和病粒，清理出果园，统一处理，不能让它们遗留在田里。这种工作是会大大减少田间越冬病菌的数量，是防治炭疽病的第一个关键。

如果田间卫生比较彻底，那么"结果母枝"就是唯一的带病体。阻止"结果母枝"分生孢子的产生和传播，是防治炭疽病的第二个关键。首先，阻止病菌侵染当年的绿色部分，包括新梢、卷须、叶片等；其次，对落花前、后的果穗、果粒提供特殊的保护和把传播到果粒上的分生孢子杀灭。具体就是花前、花后规范使用杀菌剂，尤其是开花前后有雨水的葡萄种植区。

对于套袋栽培的葡萄，套袋前对果穗进行处理，是非常有效的防治措施。

所以，防治炭疽病的关键是：在田间卫生的基础上，重点做好花前花后的防治，而后注意套袋前的处理，转色期和成熟期的保护。

药剂防治炭疽病，从以下几个方面防控：药剂能抑制或阻止分生孢子盘或分生孢子的形成、侵染（保护或抑制孢子萌发或抑制侵入）、杀灭附着胞。所以，使用化学物质防治炭疽病，不同的时期使用不同的药剂种类。防止葡萄炭疽病的优秀药剂如下。

（一）保护性杀菌剂

（1）50%保倍水分散粒剂。3 000~4 000倍液，是目前最优秀的杀菌剂之一，杀菌谱广，安全性好，特别适于花前花后施用，连续施用2~3次。

（2）50%保倍福美双WP。保倍的优点与福美双的广谱完美结合，抑制炭疽病分生孢子盘和分生孢子的形成，能够全面保护和抑制孢子萌发。在葡萄上，花前、花后和关键时期使用，发挥其广谱和持效长的优点，也可以与治疗剂配合，用于发病后的防治。一般施用1 500倍液。

（3）80%水胆矾石膏（波尔多液）WP。600~800倍液，为铜制剂，是生产有机食品认证的杀菌剂，也是控制炭疽病的重要药剂。

（4）42%代森锰锌SC。600~800倍液。安全性极好，花前花后小幼果期都可以施用，而且是最不容易产生药斑的优秀杀菌剂之一，在后期施用有明显优势。

（5）78%水胆矾石膏。600~800倍液。

（6）25%吡唑醚菌酯是最新型的线粒体呼吸抑制剂，对炭疽病有较好的预防作用，使用浓度为2 000~4 000倍液。

（7）30%王铜（氧氯化铜）。800~1 000倍液，发芽前可以施用；对耐药品种，发芽后到花序分离可以施用；套袋葡萄于套袋后、采收后施用，不套袋的耐药葡萄，大幼果期以后施用，药斑轻，价格低廉，只相当于波尔多液的1/2。

（8）波尔多液。现配现用的波尔多液，1：（0.5~1）：（180~240）倍液。

（9）其他有效药剂包括 80% 炭疽福美 600~800 倍液；80% 福美锌 800 倍液；70% 代森锌 600~800 倍液等。这些药剂质量不好或原药杂质含量高的品种，在幼果期易产生药害或药斑较重，要谨慎使用。

（二）内吸性杀菌剂

（1）10% 美铵水剂。600~800 倍液，对炭疽病防治效果优异，对葡萄安全性好、对果面没有污染、分解快，特别适合不套袋葡萄结果期后期施用，但持效期短，一般 3~4 天需要重新施用。

（2）20% 苯醚甲环唑水分散粒剂。3 000~5 000 倍液，花后幼果期施用，用于对炭疽病、白腐病等的综合防治。对幼果安全，不会抑制生长，不会影响果粉。后期用于对炭疽病的救灾措施，用 1 000~1 500 倍液，可以与保倍、保倍福美双、美铵等配合施用，效果更好。

（3）97% 抑霉唑或 22.2% 抑霉唑 EC。是炭疽病的特效药剂，兼治灰霉病，并对污染果面的一些杂菌有较好的防效。套袋前 97% 抑霉唑用 4 000~5 000 倍液（22.2% 抑霉唑 EC 800~1 200 倍液）处理果穗。

（4）80% 戊唑醇 6 000~10 000 倍液有轻微的抑制生长作用，早期只能用高倍数。用于炭疽病救灾时，可以施用 3 000 倍液。

（5）50% 醚菌酯水分散粒剂。3 000 倍液，后期与其他药剂配合用于对炭疽病的救灾措施。

（6）溴菌清是防治炭疽病的优秀药剂，早期可施用在巨峰、藤稔等厚皮品种上，薄皮品种如红地球、无核白、美人指等品种要慎重施用（容易产生药害）；不套袋葡萄，转色以后因药斑严重不能施用。

（7）咪鲜胺类是炭疽病的有效药剂，但能改变葡萄的口感和使酿酒葡萄发酵困难，鲜食采收前 50 天不能使用，酿酒葡萄采收前 70 天不能使用，可以在开花前后至封穗前使用 1 次，但浓度不宜太高。

第三节　葡萄白腐病

　　葡萄白腐病于 1878 年在意大利最早被描述。葡萄白腐病在世界上分布与葡萄分布基本一致，有葡萄的地区都有白腐病。在欧洲，由于白腐病的大发生与冰雹的发生有直接联系，被称为冰雹危害。在我国，葡萄白腐病普遍发生，20 世纪被称为葡萄的四大病害之一。白腐病的流行或大发生，会造成 20%~80% 的损失。冰雹或雨后（长时间）的高湿结合温暖的温度（24~27℃），能造成白腐病的流行。

一、症状

　　白腐病主要为害穗轴、果粒和枝蔓，也为害叶片，但常见和典型的症状是在果穗上。一般穗轴和果梗先发病，而后侵染果实。对于篱架或结果部位低的葡萄，靠近地面的葡萄首先得病。果梗和穗轴上被侵染，首先为浅褐色、边缘不规则、水浸状病斑，以后向上、下蔓延。

　　气候适宜，一般 3~5 天可以到达果粒，得病的果梗或穗轴为褐色软腐。通过果梗到达果粒后，果粒从果梗基部（果刷）发病，表现为淡色软腐，整个果粒没有光泽；而后全粒变为淡淡的蓝色透粉红的软腐；而后出现褐色小脓包状突起，在表皮下形成小粒点（分生孢子器），但不突破表皮。成熟的分生孢子器为灰白色的小粒点，使果粒表现发白，所以这种病害被称为白腐病。气候适宜还会导致病斑向上蔓延，从果梗或分穗轴蔓延到主穗轴时，造成大部分或整个果穗的腐烂（彩图 7-3-1 至彩图 7-3-4）。病果粒脱落在田间，成为以后的病源。

　　白腐病侵染穗轴后，尤其是主穗轴，遇到干旱天气，在病斑下部会迅速干枯，使下部的果实萎蔫、不成熟、没有光泽（彩图7-3-5）。这种情况下不会在果实上形成分生孢子器，因为病菌还没有侵入到果实，但可以在穗轴上找到分生孢子器。这种症状总体上看与缺钙或缺锰等生理性病害类似，比较难区分。

白腐病为害枝条，一般是没有木质化的枝条，所以，当年的新蔓易受害。枝蔓的节、剪口、伤口、接近地面的部分是受害点。枝蔓受害形成溃疡性病斑。开始，病斑为长形、凹陷、褐色、坏死斑，之后病斑干枯、撕裂，皮层与木质部分离，纵裂成麻丝状。在病斑周围，有愈伤组织形成，会看到病斑周围有"肿胀"，这种枝条易折断。如果病斑围绕枝蔓一圈，病斑上部的一段枝条"肿胀"变粗，最后，上部枝条枯死。枝条上的病斑可以形成分生孢子器。据报道，幼苗、嫁接苗砧木、种植后的第一年，葡萄的枝蔓易受白腐病侵害（彩图7-3-6）。

白腐病也可为害叶片。叶片受害与结露有关，白腐病孢子通过水孔或伤口进入叶片，所以多从叶尖或叶缘发病，开始为淡褐色、水渍状、沿叶缘或叶尖向内发展形成病斑，最先发病的颜色较深、发病晚的颜色较浅，所以，病斑呈类似于同心轮纹状（彩图7-3-7）。在叶片上也可以形成分生孢子器。

二、病原

白腐病病菌 *Coniella diplodiella*（Speg.）Petrak & Sydow 属半知菌亚门，腔孢纲，球壳目，垫壳孢属。同名病菌 *Coniethyrium diplodiella*（Speg.）Sacc.，和 *Phoma diplodiella* Speg。有性阶段属于子囊菌 *Charrinia diplodiella* Viala & Ravaz。

白腐病菌的营养菌丝为无色，宽12~16微米，有隔，分枝多。菌丝经常出现交叉，并形成厚垣孢子。分生孢子器在表皮下形成，成熟的分生孢子器为球形或扁球形，直径在100~150微米。

分生孢子梗单胞，不分枝，淡褐色。分生孢子单胞，半透明或淡褐色，大小为（8~16）微米×（5~7）微米，标准形状为类似于船形，但一般是椭圆形或卵圆形。分生孢子在黏液中，通过分生孢子器的小孔挤压释放出来。

三、发病规律

白腐病病菌的侵染循环有两个截然不同的阶段：比较短的寄生阶段和在土壤中比较长的休眠阶段。

病菌以分生孢子或分生孢子器存在于土壤中，经常发生白腐病的果园，土壤中含有丰富的分生孢子，一般情况下，每克表层土中含有 300~2 000 个分生孢子。雨水和冰雹造成的泥水飞溅、农业操作中造成的尘土飞扬，都会把分生孢子传播到果穗上。白腐病的分生孢子不能直接侵入果实，但可以通过皮孔或直接侵入穗轴和果梗。侵入果实需要通过伤口，最主要是冰雹造成的伤口；病虫害造成的伤口等，可以成为白腐病侵入的通道。冰雹不但会造成伤口，而且引起泥土飞溅、传播孢子，会引起白腐病的大发生，所以在欧美等国家或地区，把白腐病称为"冰雹"病害。冰雹虽然是白腐病大爆发最主要的因素，但不是唯一因素，分生孢子通过皮孔直接侵入穗轴或果梗，照样可以造成巨大的损失。

葡萄伤口外流的汁液及果穗上的水滴中，都会有丰富的葡萄分泌物。在汁液或水滴中，几小时内白腐病的分生孢子就可以萌发。24~27℃孢子会很快萌发和侵入；低于 15℃，病菌几乎不能侵入和发展；高于 34℃，病害发展会非常慢。冰雹后 34~48 小时的高温度或低于 15℃，基本上不会造成白腐病的发生；如果冰雹过后温度在 24~27℃，白腐病会严重发生。病菌的侵入，基本上在 3~8天完成，时间长短与侵入位置（果粒最快、果梗和穗轴次之、枝蔓最慢）、侵入的方式（通过伤口快、直接侵入慢）、温度、湿度等因素有关。

得病的枝条、果梗、穗轴、果粒等散落田间，会成为田间的传染源。这时，病菌开始了一个比较长的休眠期。分生孢子器可以产生成千上万个分生孢子，这些分生孢子在 2~3 年内具有活性，可以侵入葡萄造成白腐病。干燥的分生孢子器在 15 年之后照样能释放具有侵染活力的分生孢子。

冰雹、暴风雨天气，是白腐病流行的最主要条件；如果分生孢子已经传播到果穗上，潮湿（雨）和温暖的天气成为发生的条件。

四、防治技术

（一）防治措施

（1）减少白腐病病原菌数量是防治白腐病的基础。具体做法就是把病穗、病粒、病枝蔓、病叶带出果园，统一处理，不能让它们遗留在田间。这种工作是日常性的、长期的，必须坚持执行。

（2）阻止分生孢子的传播，是防治白腐病的关键。首先，不让白腐病的分生孢子传播到葡萄树上，尤其是果穗上，包括：出土上架后或发芽前，使用药剂杀灭枝蔓上的病菌；高架栽培（如棚架）；阻止尘土飞溅、飞扬（例如葡萄园种草、覆草栽培等）。

（3）对果穗提供特殊的保护、把传播到果穗上的分生孢子杀灭。具体就是花前、花后规范使用杀菌剂。特殊天气状况（冰雹、暴风雨）后，及时喷洒药剂，出现冰雹后必须进行针对性的处理。

（4）特殊情况下，必须使用杀菌剂。有伤口的时期、有适合白腐病发生的条件，并且在病菌孢子存在的条件下，尤其是冰雹后，必须使用杀菌剂，比如保倍福美双、代森锰锌、克菌丹、福美双等保护性杀菌剂，或苯醚甲环唑、氟硅唑、烯唑醇、抑霉唑等内吸性杀菌剂。一般冰雹后 12～18 小时使用农药。据有关资料，冰雹后 12～18 小时使用克菌丹，防治效果在 75% 以上；如果 21 小时使用，防治效果为 50%；超过 24 小时，基本没有防治效果（30%以下）。所以，冰雹过后必须及时使用药剂。

（5）土壤用药。因为病菌的来源是土壤，可以处理土壤减少白腐病的发生。比如使用 50% 福美双 1 份配 20～50 份细土，搅拌均匀后，均匀撒在葡萄园地表，也可以重点在葡萄植株周围使用。

（二）防治葡萄白腐病的优秀药剂

1. 保护性杀菌剂

50%保倍福美双：在葡萄上，作为优秀的保护剂可以用于花前、花后和关键时期，发挥其广谱和持效长的优点，病害发生后可以与治疗剂配合施用。一般施用1 500倍液。

42%代森锰锌SC：600~800倍液。安全性极好，花前花后小幼果期都可以施用，而且是最耐雨水和最不容易产生药斑的优秀杀菌剂之一，在小幼果期和后期施用有明显优势。

78%代森锰锌+水胆矾石膏WP：600~800倍液。

80%代森锰锌WP：800倍液。

50%福美双：1∶50毒土，对地面或土壤处理。

80%福美双WP：1 000倍液喷雾，请选择质量好的产品（质量不好或原药杂质多，容易产生药害或果面污染问题）。

其他有效药剂：包括80%炭疽福美600~800倍液；80%福美锌800倍液；80%代森锌600~800倍液，70%丙森锌600倍液等，都要注意幼果安全和果面污染问题。

2. 内吸性杀菌剂

20%苯醚甲环唑水分散粒剂：3 000~5 000倍液；花后幼果期施用，用于对白腐病综合防治，对幼果安全，不伤害果粉，不会抑制生长，后期用于对白腐病的救灾措施，用3 000倍液与氟硅唑配合施用，或单用20%苯醚甲环唑水分散粒剂1 500~2 000倍液。

40%氟硅唑乳油（稳歼菌）：具有优异的内吸传导性，可以施用8 000~10 000倍液（不能低于8 000倍液）。葡萄封穗前与保护性杀菌剂如保倍福美双、42%代森锰锌SC等混合施用，均匀周到喷药；白腐病发生后，剪除病果梗、果粒，施用氟硅唑8 000倍液+20%苯醚甲环唑水分散粒剂3 000倍液喷果穗。

22.2%抑霉唑EC 1 200~1 500倍液或97%抑霉唑4 000倍液，是白腐病的有效药剂，套袋前处理果穗。

80%戊唑醇6 000~10 000倍液：对葡萄有轻微的抑制生长作

用，早期只能用高倍数（低浓度）液。用于白腐病救灾时，可以施用 3 000 倍液。

30%苯醚甲环唑·丙环唑乳油：2 000~3 000倍液，有轻微的抑制生长作用，小幼果期最好不用，套袋前施用不能低于 3 000 倍液，后期施用时，对果粉有不利影响，酿酒葡萄后期施用没有影响。

12.5%烯唑醇：内吸性杀菌剂，施用浓度 3 000~4 000倍液（不能低于 3 000倍液，个别品种施用 3 500倍液以上，注意不同品种间有差异）。

50%多菌灵 600 倍液，70%甲基硫菌灵 800~1 000倍液：花前、花后施用 1~2 次，可以与保倍福美双或 42%代森锰锌 SC 等混合施用。

（三）防治白腐病的关键点

（1）要搞好田间卫生，把病果粒、病果梗和穗轴、病枝条收集到一起，清理出田间，集中处理（如发酵堆肥、高温处理等）。

（2）出土上架后（南方地区发芽前），对枝蔓进行药剂处理。以前，习惯上施用五氯酚钠+石硫合剂。因五氯酚钠已被禁用，所以建议如下：干旱地区施用石硫合剂；发芽前后雨水多的地区或年份，芽前施用 80%水胆矾石膏 400 倍液+保倍福美双 1 500倍液或 50%福美双 600 倍液，也可以芽前施用保倍福美双或福美双、芽后施用水胆矾石膏；白腐病发生比较重的地区或地块，芽前施用保倍福美双或福美双、芽后施用 1 次氟硅唑或戊唑醇、3~6 叶期施用 1 次水胆矾石膏 600 倍液。

（3）落花后至封穗前的规范防治。一般情况下，落花后至封穗前对于很多病害是关键性防治时期。在这一时期，规范保护也是防治白腐病的关键，要结合施用 1~2 次内吸性杀菌剂。套袋葡萄，套袋前一般施用 3 次左右杀菌剂。具体内容可参考后面的防治规范部分。

（4）田间管理措施频繁造成伤口（例如频繁摘除副梢）时，尤其有雨水或露水未干时造成大量伤口，应该在产生伤口后尽快施用一次药剂，例如保倍福美双 1 500 倍液+20%苯醚甲环唑 3 000 倍液。

（5）特殊天气（冰雹、暴风雨）后的紧急处理。出现特殊天气，必须喷洒药剂。12 小时左右以内，施用保护性杀菌剂保倍福美双；18 小时以后，可以施用保护性+内吸性药剂。

（6）发现白腐病后的处理。如果果园普遍出现白腐病，首先剪除病粒、病穗等，而后用药剂处理整理后的果穗。

此外，避免氮肥过量。氮肥过量会导致葡萄对白腐病等多种病害的敏感性增强，增大发生的可能性（或增加为害程度）。

（四）救灾措施

下过冰雹后：尽快施用 1 次 40%氟硅唑 8 000 倍液+50%保倍福美双 1 500 倍液，5 天左右，再用 1 次 20%苯醚甲环唑 3 000 倍液。

套袋鲜食葡萄，套袋前，用 50%保倍 3 000 倍液+20%苯醚甲环唑 2 000 倍液+97%抑霉唑 4 000 倍液（根据病害压力酌情选用 1~3 种使用）处理穗部，也可以结合膨大措施和部分膨大剂一起用药。

套袋鲜食葡萄，套袋后，发现枝条感染白腐病：马上全园施用 1 次 40%氟硅唑 8 000 倍液+20%苯醚甲环唑 3 000 倍液，重点是发病部位。

套袋鲜食葡萄，套袋后，发现果穗感染白腐病：这说明套袋前的处理措施不到位。对发病严重的果穗，直接剪除，带出田外处理；发病较轻的果穗，先剪除发病的部分，再用 20%苯醚甲环唑 2 000 倍液+97%抑霉唑 4 000 倍液处理穗部，兼治炭疽病和灰霉病，还不会伤害果粉。

不套袋鲜食葡萄，发现白腐病：全园施用 20%苯醚甲环唑 1 500 倍液，5 天左右施用 50%保倍福美双 1 500 倍液+80%戊唑醇 6 000 倍液，喷药重点是发病部位，之后正常管理。

酿酒葡萄，发现白腐病：全园施用 20%苯醚甲环唑 3 000 倍液+40%氟硅唑 8 000 倍液或者 20%苯醚甲环唑 3 000 倍液+80%戊唑醇 8 000 倍液，也可以按如下用药：80%戊唑醇 6 000 倍液或 30%苯醚甲环唑·丙环唑 3 000 倍液全园喷雾，重点是发病部位，5 天后再施用 50%保倍福美双 1 500 倍液+12.5%烯唑醇 3 000 倍液。之后正常管理。

第四节　葡萄黑痘病

葡萄黑痘病是起源于欧洲的病害。在葡萄霜霉病、白粉病从美洲随防治葡萄根瘤蚜的砧木传播到欧洲之前，黑痘病是欧洲最主要的病害。目前，世界上有葡萄种植的地区，均有葡萄黑痘病的报道，说明黑痘病是世界性病害。黑痘病可能是随着葡萄品种、繁殖材料，通过引种传播到世界各地的。

在我国，葡萄黑痘病也被称为葡萄疮痂病，南北各产区都有发生。在西部，包括新疆、宁夏、甘肃、内蒙古西北等地区，很少发生或很难见到；陕西、山西及东北、华北、山东等黄河以北产区，虽然能见到，基本不造成实质性危害，但随着红地球等感病品种种植面积的扩大，有加重为害的趋势，并且在部分黄河流域产区，有成灾发生的纪录；我国南方地区，尤其是春雨多的地区，如黄河以南地区、长江流域产区、浙江、上海等地，发生比较严重；但是，南方地区近年来发展了大面积的避雨栽培葡萄园，这些葡萄园因有避雨设施，黑痘病的危害被基本控制。

黑痘病在多雨、潮湿的地区，尤其是幼嫩组织（新梢、新叶、幼果等）比较丰富时期的多雨、低温，则发生严重。有些地区甚至因为黑痘病的发生严重，导致在该地区不能种植葡萄。

果粒受害，使葡萄失去食用价值；枝蔓、穗轴、叶片、新梢等受害，会造成这些部位枯死，给葡萄造成比较大的损失。

从防治上看，1885 年波尔多液的发明，基本上控制了黑痘病的危害。目前，对于不规范防治的果园，还会受到黑痘病的威胁。

值得注意的是，近十几年有机杀菌剂的应用（取代铜制剂），在世界很多地区黑痘病有抬头甚至再猖獗的趋势，这说明铜制剂是控制黑痘病的基础药剂。

一、症状

黑痘病为害植株的幼嫩绿色部分，包括叶片、果粒、穗轴、果梗、叶柄、新梢和卷须。叶片发病，形成近圆形或不规则的病斑。病斑直径1~5毫米，边缘红褐色或黑褐色；病斑外有淡黄色的晕圈；病斑中央为灰白色，并逐渐干枯、破裂、形成穿孔；严重发生时，病斑会连在一起（彩图7-4-1、彩图7-4-2）。

叶脉上的病斑呈菱形、凹陷，灰色或灰褐色，边缘为暗褐色；严重时造成叶片扭曲、皱缩。

果粒受害，会呈褐色圆斑。以后中部变成灰白色，稍凹陷，直径3~8毫米；病斑外部颜色比较深，褐色或红褐色或暗褐色或紫色，类似鸟眼状，所以有时被称为"鸟眼病"（彩图7-4-3、彩图7-4-4）。受害果实病斑会硬化或龟裂，失去食用或利用价值。

果梗、叶柄、新梢、卷须受害，初期呈近圆形或不规则的病斑，以后扩大为近椭圆形，病斑连接会呈长行或不规则形，以后灰黑色，病斑外部颜色比较深，为暗褐色或紫色，中部凹陷，之后开裂，形成溃疡斑。病梢发病严重时，生长停止或萎蔫枯死。

穗轴、小穗轴受害，形成的症状与新梢或叶柄相同，会造成整穗或部分小穗发育不良甚至枯死；果梗，形成的症状与新梢相同，会造成下面的果粒干枯或脱落、僵化。

二、病原

黑痘病病菌是葡萄痂圆孢（*Sphaceloma ampelimum* de Bary），属半知菌亚门，腔孢纲，黑盘孢目，痂圆孢属。有性世代为葡萄痂囊腔菌 [*Elsinoe ampelina* (de Bary) Shear]，属子囊菌亚门，但极少见。

病菌在病斑的外表形成分生孢子盘，半埋生于寄生组织内。分生孢子盘上着生短小、密集的分生孢子梗。梗的顶部生有细小、卵形、透明的分生孢子，大小（4.8~11.6）微米×（2.2~2.7）微米，具有胶黏胞壁和1~2个亮油球。在水中分生孢子产生芽管，迅速固定在基物上，入秋后不再形成分生孢子盘，但在新梢病部边缘形成菌块即菌核。

病菌子囊果为子囊座，梨形子囊腔内形成子囊。子囊无色，近球形，内藏有4~8个子囊孢子；子囊孢子无色，香蕉形，具有3个隔膜。子囊孢子在温度2~32℃萌发。

三、发病规律

（一）侵染循环

病菌主要以菌丝体潜伏于病蔓、病梢等组织中越冬，也能在病果、病叶痕等部位越冬。病菌生活力很强，在病组织中可存活3~5年之久。第二年4月、5月间产生新的分生孢子，借风雨传播。孢子发芽后，芽管直接侵入幼叶或嫩梢，引起初次侵染。侵入后，菌丝主要在表皮下蔓延。以后在病部形成分生孢子盘，突破表皮，在湿度大的情况下，不断产生分生孢子，通过风雨和昆虫等传播，进行再侵染。温湿条件适合时，6~8天便发病产生新的分生孢子进行多次再侵染。远距离的病菌传播则依靠带病枝蔓。

分生孢子的形成要求25℃左右的温度和较高的湿度。菌丝生长温度范围10~40℃，最适为30℃。潜育期一般为6~12天，在24~30℃温度下，潜育期最短。超过30℃，发病受抑制。新梢和幼叶最易感染，其潜育期也较短。

（二）发病条件

1. 气候

黑痘病的流行和降雨、空气湿度及植株组织幼嫩情况关系密切，尤其与春季及初夏（4—6月）雨水多少、持续期长短关系最大。长期多雨高湿有利于病菌的生长发育；同时，多雨高湿下有利于葡萄叶、果、梢等绿色幼嫩组织的生长，发病严重。天旱年份以及少雨地区，新梢抽出缓慢，感病组织少，病害减轻。

黑痘病的发生时期因地区而异。华南地区，3 月下旬至 4 月下旬葡萄开始萌动展叶时，病害开始出现。6 月中下旬，发病达到高峰，7—8 月以后温度超过 30℃，组织逐渐老化，病情一般受到抑制，秋季如遇多雨天气，病害可再次严重发生。

华北地区，一般 5 月中下旬开始发病，6—8 月高温多雨季节为发病盛期，9 月以后，气温降低，天气干旱，病害停止发展。

华东地区，于 4 月上中旬开始发病，5—6 月多雨、高湿，为发病盛期，7—8 月组织开始老化，高温干旱，病害受抑制，9—10 月入秋后雨多，病情再度发展。

2. 栽培

容易引起果园湿度增大、幼嫩组织增多的因素均有利于病害的严重发生。如地势低洼，排水不良，速效氮肥过多，修剪不合理，幼嫩组织多，都会导致病害大发生。园内遗留大量的病残体，则为病菌越冬和第二年的发病创造了条件。

3. 品种

品种抗病性差异很大。感病严重的品种有：红地球、黑大粒、美人指、龙眼、无核白等；中度感病品种有：玫瑰香、新玫瑰、意大利等；轻微感病品种有：佳里酿、吉姆沙等；抗病品种有：黑奥林、巨峰、先锋、红富士等。

四、防治技术

任何降低湿度和水分、减少病原的措施，都能减少或降低黑痘病的发生或发生几率，包括完善的排涝体系、清园措施和田间卫生（处理落叶和病残组织）、田间管理（合理叶幕，通风透光性良好；夏季控制副梢量等）等具体措施。虽然这些措施非常重要和必要，但是不能保证使病害得到有效控制，所以，不可避免地要使用化学药剂进行防治。

（一）防治黑痘病的措施

（1）苗木消毒。由于黑痘病的远距离传播主要通过带病菌的苗木或插条，因此，应选择无病苗木，或进行苗木消毒处理。常用的苗木消毒剂有：10%～15%的硫酸铵溶液。3%～5%的硫酸铜溶液。硫酸亚铁硫酸液（10%的硫酸亚铁+1%的粗硫酸）。3～5波美度石硫合剂等。方法是将苗木或插条在上述任一种药液中浸泡3～5分钟取出即可定植或育苗。

（2）田间卫生。黑痘病的初侵染主要来自病残体上的越冬菌源，因此，必须仔细做好清园工作，以减少初侵染的菌源数量。冬季进行修剪时，剪除病枝梢及残存的病果，刮除病、老树皮，彻底清除果园内的枯枝、落叶、烂果等，并集中烧毁。再用铲除剂喷布树体及树干四周的土面。常用的铲除剂有：3～5波美度石硫合剂；45%晶体石硫合剂30倍液、10%硫酸亚铁+1%粗硫酸。喷药时期以葡萄芽鳞膨大，尚未出现绿色组织时为好。过晚喷洒易发生药害，过早效果较差。

（3）抗病品种。利用栽种葡萄前的品种选择，即在建葡萄园前，根据雨水、气候条件、黑痘病发生的压力，确定品种。不同品种对黑痘病的抗性差异显著。欧亚种葡萄品种间对黑痘病的抗性存在抗病和感病两种类型。欧美杂种葡萄品种间对黑痘病的抗性普遍较强。

（4）加强管理。加强水肥和土壤管理，及时整枝和清理病枝病蔓；及时套袋。

（5）药剂防治。根据规律和田间具体情况进行药剂防治。

（二）葡萄园黑痘病防治的关键点

（1）搞好田间卫生，把修剪下来的枝条、叶片、病果粒、病果梗和穗轴收集到一起，清理出田间，集中处理（如发酵堆肥、高温处理等）。

（2）对于黑痘病发生地区或果园，药剂的施用体现一个"早"字，发芽前和发芽后，必须采取措施。根据所在地区的气候条件或栽培方式（是否设施），确定采取的具体措施。一般施用保护性的药剂，如80%水胆矾石膏、50%保倍福美双、波尔多液等。

（3）开花前、落花后是防治黑痘病的最关键时期。可以根据去年黑痘病发生的情况、本地区（或地块）气候特点，结合防治其他病害的防治措施，采取合适的措施。一般施用内吸性的药剂，例如20%苯醚甲环唑、40%氟硅唑、80%戊唑醇、70%甲基硫菌灵、50%多菌灵等。

（4）雨季的规范防治措施。雨季的新梢、新叶比较多，容易造成黑痘病的流行，应根据品种和果园的具体情况采取措施。一般以保护剂（如80%水胆矾石膏WP、50%保倍福美双、波尔多液、30%王铜等）为主，结合内吸性药剂（20%苯醚甲环唑、40%氟硅唑等）。

（三）防治葡萄黑痘病的优秀药剂

（1）保护性杀菌剂。80%水胆矾石膏（波尔多液）400~800倍液、50%保倍3 000倍液、50%保倍福美双1 500倍液、42%代森锰锌800倍液、波尔多液、30%王铜（氧氯化铜）600~800倍液、78%水胆矾石膏+代森锰锌600~800倍液等。应特别注意，铜制剂是控制黑痘病最基础和最关键的药剂。

（2）内吸性杀菌剂。20%苯醚甲环唑3 000倍液、40%氟硅唑8 000倍液、80%戊唑醇6 000倍液、70%甲基硫菌灵1 000倍液、50%多菌灵600倍液等。

第五节 葡萄灰霉病

葡萄灰霉病在世界上的任何葡萄园都可以发现。在葡萄根瘤蚜传入欧洲之前的很长一段时间，葡萄灰霉病被当作二次侵染性病害，但之后随着嫁接栽培的流行，葡萄灰霉病为害加重，才引起大家的关注并重新考虑和研究它。

葡萄灰霉病侵染葡萄，在产量和品质上都会造成影响，包括由于穗轴的干枯造成没有成熟的果穗或部分果穗的脱落或干枯、缩水。但是造成的危害因葡萄的用处不同而有差别。对于鲜食葡萄，不但造成产量降低，而且在葡萄的贮藏、运输过程中继续腐烂，成为贮藏和运输过程中葡萄腐烂的罪魁祸首；对于酿酒葡萄主要是影响质量，因为灰霉病的感染造成葡萄中营养成分的生理生化变化：病菌把葡萄糖和果糖转化成丙三醇和葡萄糖酸，病菌还产生一些酶，这些酶促使酚类物质（产生果香和酒的香气）氧化，破坏香气。病菌还分泌多聚糖，比如β-葡聚糖，造成酒体混浊，澄清度下降。混杂或含有灰霉病病果的葡萄酿造的葡萄酒，有怪味或味道欠佳，并且容易被氧化和被细菌感染，也不容易存放，影响葡萄的陈酿和年份。

但是，对于一些品种，比如赛美容，在一些特殊地区的特殊气候条件下，灰霉病的侵染可以产生例外，生产世界闻名的"贵腐"酒。世界上非常有名的"贵腐酒"有匈牙利的 Tokay，法国的 Sauternes，德国的 Auslese、Beereauslese 和 Trockenbeerenauslese。

一、症状

在我国，灰霉病的为害主要在花期、成熟期和贮藏期。但冬季雨水多和春季多雨的地区，早春也侵染葡萄的幼芽、新梢和幼叶。

幼叶和新梢受害，形成褐色病斑，导致干枯。在晚春和花期，叶片上被侵染后会形成大的病斑，一般在叶片的边沿、比较薄的地方，病斑为不规则形状、红褐色。

在花帽脱落前（开花前至开花），病菌可以侵染花序，造成腐烂或干枯，而后脱落。开花后期，病菌会频繁侵染逐渐萎蔫的花帽、雌蕊和败育（或发育不完全）的幼果，这些花帽、雌蕊和败育的幼果如果遇到特殊气候，会黏贴在果穗或果粒上。这样，病菌从这些黏贴的组织开始，侵染果梗和穗轴。这些受感染的果梗和穗轴开始形成小型的褐色病斑，之后病斑颜色逐渐加重变为黑色。在夏末，这些病斑发展成围绕果梗或穗轴一圈的病斑，导致果穗萎蔫

（有时脱落）（在气候干燥时），或产生霉层导致整个果穗的腐烂（气候湿润时）（彩图7-5-1至彩图7-5-3）。

　　进入成熟期，灰霉病病菌可以通过表皮和伤口直接侵入果实。比较紧的果穗，果实互相挤压，先通过相邻的果粒传染，然后霉层会逐渐侵染整个果穗。白色品种被感染，果粒变成褐色；有色葡萄品种被侵染，果粒变成红色。如果气候干燥，被侵染的果粒干枯；如果气候湿润，果粒会破裂，并且在果实表面形成鼠灰色的霉层（彩图7-5-4）。

　　对于鲜食葡萄，被侵染的果穗在低温贮藏期间，穗轴可以发展成湿腐，并逐渐被褐色霉层覆盖，这些霉层有时可以产生分生孢子；被侵染的果粒，会形成褐色圆形病斑，并逐渐发展到整个果粒，病斑的表皮易被擦掉。

　　湿度大时，成熟不好的枝蔓在晚秋和初冬可以被侵染，表现为皮层被"漂白"，并在表面形成黑色菌核和灰色霉层（产生了分生孢子）。

　　嫁接后，在30℃的发育箱（或培养箱）内，因为湿度比较大，接穗和砧木的接口可以被感染，导致嫁接失败。接穗和砧木的接口一般用石蜡密封，加快愈伤组织的形成和愈合；葡萄灰霉病的病菌，可以在石蜡形成的膜下面发展，所以，被灰霉病感染的嫁接苗木，会抑制嫁接口的愈合，导致嫁接失败。

二、病原

　　灰霉病病菌无性世代为灰葡萄孢 *Botrytis cinerea* Pers.，属于半知菌亚门，丝孢目，淡色孢科，葡萄孢属。灰葡萄孢是葡萄园最常见的形式，产生分生孢子。有性世代为富氏菌核菌 *Botryotinia fuckeliana*（de Bary）Whetzel。

　　灰葡萄孢菌丝是带褐色的橄榄色，有隔膜，菌丝直径因形成过程的环境条件有变化，一般在11~23微米。分生孢子梗数根丛生，（1~3）微米×（11~14）微米，直立或稍弯曲，黑褐色或淡褐色、细长，健壮，顶端 1~2 次分枝，分枝后顶端细胞膨大，呈棒头状，上密生小梗，着生许多分生孢子。分生孢子卵圆形或亚球形，表面光滑，单胞，略带灰色，整体看（很多分生孢子）为灰色，大小（9~16）微米×（6~10）微米。

　　在不利的环境条件下，菌丝可以形成黑色、坚硬的菌核 [（2~4）毫米×（1~3）毫米]，牢固着生于基质上。菌核在 3~27℃ 萌发，产生分生孢子梗和分生孢子。菌核可以萌发形成富氏菌核菌的子囊盘，但在葡萄园中非常少见。

三、发病规律

　　导致葡萄灰霉病的灰葡萄孢，并不是葡萄上的专性寄生（或特有）病菌，它的寄主范围非常广，包括番茄、黄瓜、辣椒、茄子、白菜、许多豆类植物、苹果和梨等多种栽培作物和野生植物，侵染叶片、果实、果柄等部位，引起灰霉病。灰葡萄孢还可以在溃疡斑、衰老组织、死亡组织上腐生。

　　据资料记载，有些地区以秋季在枝条上形成的菌核越冬，有些地区以菌丝在树皮和休眠芽上越冬。一般两种形式都存在，只不过哪个为主的问题。越冬后的菌核和菌丝，在春天产生分生孢子，作为春季的侵染源。据检测，成熟期葡萄园中的灰葡萄孢分生孢子的数量最大。

　　分生孢子在 1~30℃ 都可以萌发（萌发的最适合温度是 18℃），但要求有 90% 以上的湿度或有水分存在。如果有水分存在，叶片、枝条、果实上的花粉或分泌物会刺激和促进分生孢子的萌发。在适宜温度（15~20℃）和满足水分要求（有水或 90% 以上湿度）条件下，侵入需要 15 小时；如果温度比较低，会需要更多的时间完成侵入。

　　分生孢子萌发后，可以通过部分感病葡萄品种的表皮直接侵入。电镜观测，在果实上，没有功能的气孔周围形成很多小的沟壑或裂缝，分生孢子萌发后的芽管，就是通过这些沟壑或裂缝进入葡萄，使葡萄得病。如果有伤口存在，比如虫害、白粉病、冰雹、鸟害等造成的伤口，会加速和促进葡萄灰霉病的侵染和发病。

花期的后期，气象条件合适时，病菌还可以通过柱头或花柱侵入子房。当然，这种侵入在当时不会造成任何症状，但果实成熟期会导致发病。

四、防治技术

(一) 使用抗性品种

不同品种对灰葡萄孢抗性不同。果穗的紧密度、果皮的厚度和解剖学特性、果皮上化学物质（花青素和酚类物）的多少，决定了不同葡萄品种抗灰葡萄孢的敏感程度。且研究表明，葡萄还产生植物毒素类物质（Resveratrol 和 Viniferins），这些物质的存在和浓度大小，与葡萄品种对灰葡萄孢抗性程度有直接关系。鲜食葡萄中的红地球、玫瑰香，酿酒葡萄中的赛美容等品种对灰霉病都比较敏感。

(二) 农业防治

避免疯长、避免郁闭和减少枝蔓上的枝条数量（增加通透性）、摘除果穗周围的叶片（增加通透性）、减少液态肥料喷淋，对防治灰霉病效果显著。

(三) 药剂防治

田间防治葡萄灰霉病的药剂有：

(1) 保护性杀菌剂。50%保倍福美双 WP 1 500倍液，80%福美双 WG 1 000~1 200倍液。50%乙烯菌核利 WP 或 WG 500 倍液。50%腐霉利 WP 600 倍液。50%异菌脲 WP 500~600 倍液或25%异菌脲 SC300 倍液。

(2) 内吸性杀菌剂。70%甲基硫菌灵 WP 800 倍液或50%多菌灵 WP 500~600 倍液。22.2%抑霉唑 EC 1 000~1 200倍液或97%抑霉唑 4 000倍液。40%嘧霉胺 800~1 000倍液。10%多抗霉素 WP

600倍液或3%多抗霉素WP 200倍液。50%乙霉威+多菌灵WP 600~800倍液。50%啶酰菌胺1 500倍液。

贮藏期间防治葡萄灰霉病主要是低温（接近-1~0℃）和二氧化硫气体熏蒸相结合。

（四）生物防治

据有关报道，木霉菌（*Trichoderma harzianum*）可以有效防治葡萄灰霉病。

（五）综合防治

对于抗性比较高的品种，一般主张以栽培防治为主；但对于灰霉病抗性比较差的品种，必须是栽培防治和化学防治相结合（或配合），还要配合其他措施的使用。

首先要搞好田间卫生，把病果粒、病果梗和穗轴、病枝条收集到一起，清理出田间，集中处理（如发酵堆肥、高温处理等）。第二，根据国内外的研究和实践经验，防治灰霉病有以下几个关键时期：花序分离期；谢花后期至坐果期；封穗前；开始成熟；果实采收前的20天左右。具体到葡萄园，如何使用药剂，要根据葡萄园的具体情况（品种、气候、以前的防治措施和情况、用药历史等）而定。套袋栽培，一般是花前、花后、套袋前三个时期，需要进行防治。在国外，已经研究出一个防治葡萄灰霉病的数据模型。根据灰霉病的田间动态（随气象条件、品种、栽培措施而变化，测定田间菌势和孢子数量），计算出任何时期的风险，给出使用化学药剂的最合适时期。第三，配套的栽培措施。此部分的原则已经在前面提到，具体措施属于栽培学内容。

第六节　葡萄白粉病

Schweinitz在1834年第一次描述了北美洲葡萄上的白粉病。葡萄白粉病在1845年之前的美洲葡萄上为害很轻。1845年英国的一位园艺工作者在英格兰的Margate首次发现该病，是欧洲第一次发现该病；1847 年法国首次记录这种病害，并且当年造成了很大的损失，之后葡萄白粉病在法国普遍发生，损失巨大，其中 1854 年的损失达到了 80%。从此，葡萄白粉病成为声名狼藉的重大病害。

目前，在世界各地的大多数葡萄种植区，都能找到葡萄白粉病，甚至在热带地区，也有葡萄白粉病的为害。在我国，葡萄白粉病普遍存在，很多葡萄种植区都有白粉病，但总体上雨水比较多的地区发病少、比较轻，雨水比较少的地区（如新疆、甘肃、宁夏、河北北部的干旱区等）发生普遍、为害比较严重。并且，葡萄白粉病是设施葡萄栽培的重要病害，随着我国南方地区避雨栽培及其他设施栽培的面积扩大，白粉病成为这些地区葡萄园的重要病害。

一、症状

白粉病可以侵染叶片、果实、枝蔓等所有绿色部分。幼嫩组织比较容易受到侵染和为害，但老叶等也受害。病菌穿越表皮，在表皮细胞上形成吸器，吸收营养。虽然吸器只在表皮，但相邻的细胞照样能坏死。幼叶和老叶同样敏感，能被侵染，但春季的幼芽和幼叶是最先的受害组织。

叶受害后，先在叶片正面产生灰白色、没有明显边缘的"油性"病斑，上面覆盖有灰白色的粉状物；严重时整个叶片都覆盖有灰白色的粉状物，包括叶片的背面（一般正面多、背面少），使叶片卷缩、枯萎，而后脱落；有时能在叶片上形成小黑点（为病菌的闭囊壳）（彩图 7-6-1 至彩图 7-6-3）。幼叶受害后，会扭曲变形，基本停止生长。

花序发病，花序梗受害部位开始颜色变黄，而后花序梗发脆，容易折断。

穗轴、果梗和枝条发病，出现不规则的褐色或黑褐色斑，羽纹状向外延伸，表面覆盖白色粉状物。有时，病斑变为暗褐色（因形成很多黑色闭囊壳）。受害后，穗轴、果梗变脆，枝条不能老熟。

果实对白粉病敏感，糖分在 8% 之前的任何时期，都能感染白粉病；糖分超过8%，对白粉病就产生抗性，一般不会再被侵染，但是（糖分在8%~15%）被感染的果实能产生分生孢子；果实的含糖量超过15%，果实不会被侵染，已经被侵染果实也不会再产生分生孢子。果实发病时，表面产生灰白色粉状霉层，用手擦去白色粉状物，能看到在果实的皮层上有褐色或紫褐色的网状花纹（彩图7-6-4）。小幼果受害，果实不易生长，果粒小，易枯萎脱落；大幼果得病，容易变硬、畸形、易纵向开裂；转色期的果粒得病，糖分积累困难，味酸，容易开裂。

二、病原

葡萄白粉病的病原菌是葡萄钩丝壳菌 [*Uncinula necator* (Schw.) Burr.]，异名有：*Erysiphe necator* Schw.、*E. tuckeri* Berk、*U. americana* Howe、*U. spiralis* Berk and Curt.、*U. subfusca* Berk. & Curt.，属于子囊菌亚门，核菌纲，白粉菌目，白粉菌科，钩丝壳属。闭囊壳散生，黑褐色，大小80~100微米，有10~30个附属丝；附属丝基部褐色，有分隔，不分支，顶部卷曲，长度为闭囊壳的2~3倍；闭囊壳内有4~8个子囊；子囊椭圆性，一端稍突起，无色，大小（50~60）微米×（25~36）微米，内含4~6个子囊孢子；子囊孢子椭圆形，单胞，无色，大小（20~25）微米×（10~12）微米。闭囊壳一般在生长后期产生。

无性世代为葡萄粉孢菌（*Oidium tuckeri* Berk.），属于半知菌亚门，丝孢纲，丛梗孢目，丛梗孢科，粉孢属。发病部位的白粉层为病菌的菌丝体、分生孢子梗、分生孢子，都是无性世代。分生孢子串生于分生孢子梗顶端，念珠状；分生孢子无色，单胞，内含颗粒体，大小（16.3~20.9）微米×（30.3~34.9）微米。

三、发病规律

（一）侵染循环

葡萄白粉病病菌主要以菌丝体在被害组织内或芽鳞间越冬；被害组织上的闭囊壳也是病菌重要的越冬形态；在保护地或南方气候

温暖的地区，被害组织上的菌丝和分生孢子可以越冬，也成为重要的病菌来源。

第二年春天芽开始萌动后，菌丝体就可以产生分生孢子、闭囊壳就可以产生子囊孢子；分生孢子、子囊孢子借助风和昆虫传播到刚刚发芽的幼嫩组织上；如果条件合适，分生孢子就可以萌发，侵入到寄主使葡萄得病，出现第一批病新梢（病叶、病枝条）。对于芽鳞间有菌丝体越冬的，芽开始活动或生长时，病菌也活动、生长，发芽后即成为病芽、病梢，然后产生分生孢子再传播、为害。

（二）发病条件

（1）温度。在4~7℃时，分生孢子就可以萌发；分生孢子萌发最适温度为25~28℃；分生孢子5小时可以萌发，分生孢子萌发的最高温度为35℃。20~27℃是病害发展的最合适温度；6~32℃病菌菌丝可以生长；在23~30℃条件下，病菌从侵入到产生分生孢子需要5~6天，而在7℃条件下需要32天；据报道36℃持续10小时可以杀死分生孢子，39℃条件持续6小时能杀死分生孢子。

（2）湿度。相对湿度不是分生孢子萌发的限制因素，相对湿度比较低时（20%），也可以萌发；白粉病菌分生孢子萌发和侵入的适宜相对湿度为40%~100%；相对湿度影响白粉病菌分生孢子的产生数量：据报道，24小时内，相对湿度30%~40%、60%~70%、90%~100%时产生分生孢子的数量分别是2、3、4~5个。

（3）水。水的存在对白粉病发生不利，因为水分会造成分生孢子吸水破裂、不能萌发。

（4）雨。雨水对白粉病发生不利，因为雨水会冲刷掉分生孢子、破坏表面的病菌菌丝、造成分生孢子吸水破裂。

（5）寡光照。低光照、散光，对白粉病发生有利；强光照对白粉病发生不利。有研究表明，在散光条件下（其他条件相同）47%分生孢子萌发，而强光条件下萌发率只有16%。

（三）白粉病的流行规律

越冬菌源是白粉病流行的基础条件。病菌数量，决定是否能够流行。水和湿度是白粉病流行的限制因素。没有水，是白粉病流行的条件。所以，设施栽培的葡萄（避雨栽培、温室、大棚葡萄），最有利于白粉病的发生和流行；生长季节干旱的葡萄种植区，有利于白粉病的发生和流行；对于雨水中等的葡萄种植区，遇到干旱年份，白粉病的发生和流行机会就大；生长季节雨水多的地区，白粉病不宜发生和流行。

四、防治技术

（一）防治措施

（1）减少越冬病原菌的数量，是防治白粉病、控制白粉病为害的基础。包括三方面的措施：第一，田间卫生，也就是病组织（枝条、叶、果穗、卷须）的清理；第二，发芽前、发芽后的防治措施；第三，结合田间操作，去除病芽、病梢。

（2）开花前、后，结合其他病虫害的防治，使用药剂，控制白粉病流行的病菌数量。在有利于白粉病发生的地区（或设施栽培葡萄园），开花前、后，是控制白粉病流行的关键时期，应使用药剂控制白粉病病菌的数量。

（3）果实生长的中后期，对田间白粉病的发生情况进行监测。当白粉病发生比较普遍，或可能对生产造成影响时，使用药剂，控制为害。

（二）防治白粉病的优秀药剂

1. 硫制剂

包括石硫合剂、硫黄粉剂、硫胶悬剂、硫水分散粒剂、多硫化钡等，利用硫原子和硫原子氧化物杀菌。硫制剂没有内吸性，但对葡萄白粉病有优异的治疗效果，是防治葡萄白粉病的基础药剂。

硫制剂防治葡萄白粉病的优势：对葡萄白粉病有优异的治疗效果、没有抗性、成本低、对环境没有危害（或没有潜在威胁）。

硫制剂防治葡萄白粉病存在的问题：受温度限制，低于18℃无效，高于30℃易产生药害；干燥的条件药效好、湿润的条件药效差。

2. 保护性杀菌剂

50%保倍福美双WP：在葡萄上，作为优秀保护剂可以用于花前、花后和关键时期，发挥其广谱和持效长的优点，也可以用于发病后与治疗剂配合使用。一般施用1 500倍液。

其他药剂：百菌清、农抗120、武夷菌素、芽孢杆菌制剂等，对白粉病有效。

3. 内吸性杀菌剂

10%美铵水剂：600~800倍液，对白粉病防治效果优异，对葡萄安全性好、对果面没有污染、分解快，但持效期短，一般4天左右需要重新施用。

20%苯醚甲环唑水分散粒剂：3 000~5 000倍液；花后幼果期施用，可以兼治炭疽病、白腐病，对幼果安全，正常使用不会抑制生长。

80%戊唑醇：6 000~10 000倍液，对葡萄有轻微的抑制生长作用，早期只能用高倍数（低浓度），后期救灾时用低倍数（高浓度）。

50%醚菌酯水分散粒剂：3 000倍液。连续施用，较易产生抗性。

50%多菌灵600倍液或70%甲基硫菌灵800~1 000倍液，效果较差，但施用安全，可作为关键时期的用药或救灾性防控的跟进措施或辅助治疗措施。

40%氟硅唑（稳歼菌）乳油：具有优异的内吸传导性，可施用8 000~10 000倍液（不能低于8 000倍液）。2~3叶期可以直接施用；葡萄封穗前与保护性杀菌剂如保倍福美双混合施用，均匀周到喷洒；发病后救灾性措施，可与其他药剂交替施用。

12.5%烯唑醇：内吸性杀菌剂，施用2 500~4 000倍液（不能低于2 500倍液，个别品种施用3 500倍液以上，注意不同品种间有差异）。

（三）防治白粉病的关键点

（1）搞好田间卫生，把修剪下来的枝条、叶片、病果粒、病果梗和穗轴收集到一起，清理出田间，集中处理（如高温发酵堆肥、高温处理等）。

（2）发芽前和发芽后，应采取措施。根据所在地区的气候条件或栽培方式（是否设施），确定采取的具体措施。如果是白粉病为害区，在这个时期必须采取措施；如果白粉病为害比较重的地区、田块，在发芽前和发芽后应分别采取措施（施用2次农药）。

（3）开花前、落花后至套袋前，是防治白粉病的关键时期。可以根据去年白粉病发生的情况、本地区（或地块）气候特点，结合防治其他病害的措施，采取合适的措施。

（4）幼果生长期至转色期，要严格监测，发现为害，及时采取措施。

（5）果实采收后，根据田间发病情况，确定是否采取措施。采收后，如果果园出现比较普遍的白粉病，要采取措施，这样会大大有利于第二年的防治。

（四）救灾措施

50%保倍3 000倍液+20%苯醚甲环唑3 000倍液全园施用；5天左右，10%美铵600倍液或50%保倍福美双1 500倍液跟进施用一次即可。效果非常好，但成本较高。也可以按如下用药：20%苯醚甲环唑2 000倍液+50%保倍福美双1 500倍液全园施用；5天左右，10%美铵600倍液（或50%保倍3 000倍液+80%戊唑醇8 000倍液）跟进施用一次。效果也很好，成本相对较低。

第七节 葡萄褐斑病

葡萄褐斑病有大褐斑病和小褐斑病，仅为害叶片，在我国局部发生。

一、症状

葡萄褐斑病仅为害叶片，症状有两种：其一为大褐斑病，初期在叶片表面产生许多近圆形、多角形或不规则形的褐色小斑点，以后病斑逐渐扩大，常融成不规则形的大斑，直径可达 2 厘米以上。病斑中部呈黑褐色，边缘褐色，病健部分分界明显，病害发展到一定程度时，病叶干枯破裂而早期脱落，严重影响树势和翌年的产量。其二为小褐斑病。病斑较小，直径 2~3 毫米，大小较一致，呈深褐色，中部颜色稍浅，后期病斑背面长出一层明显的褐色霉状物。

二、病原

大褐斑病：*Phaeoisariopsis vitis*（Lev.）Sawada.，异名为 *Cercospora viticala*（Ces.）Sacc.。分生孢子梗常 10~30 梗集结成束状，直立，暗褐色，单个分生孢子梗大小（92~225）微米×（2.8~4）微米，有 1~6 个隔膜。老熟的分生孢子梗先端常有 1~2 个孢痕。分生孢子着生于分生孢子梗顶端，长棍棒状，微弯曲，基部稍膨大，上部渐狭小，有 0~9 个隔膜，褐色至暗褐色，大小（12~64）微米×（3.2~6.8）微米。

小褐斑病：*Cercospora roseleri*（Caff.）Sacc.。分生孢子梗较短，松散不集结成束，浅褐色。分生孢子长柱形，直或稍弯，有 3~5 个分隔，棕色。

三、发病规律

病菌以菌丝体和分生孢子在落叶上越冬，至第二年初夏长出新的分生孢子梗，产生分生孢子，分生孢子通过气流和雨水传播，引起初次侵染。分生孢子发芽后从叶背气孔侵入，发病通常自植株下部叶片开始，逐渐向上蔓延。病菌侵入寄主后，经过一段时期，于环境条件适宜时，产生第二批分生孢子，引起再侵染，造成陆续发病。直至秋末，病菌又在落叶病组织内越冬。

分生孢子萌发和菌丝体在寄主内发展需要高湿和比较高的温度，所以在葡萄生长的中后期雨水较多时，褐斑病容易发生和流行。褐斑病一般在出现老熟叶片时（5—6月）初发，7—9月为发病盛期。发病严重时可使叶片提早1~2个月脱落，严重影响树势和第二年的结果。

四、防治技术

（一）防治措施

（1）清园措施。秋后彻底清扫果园落叶，集中处理，以消灭越冬菌源，是防控褐斑病的关键。

（2）栽培措施。加强葡萄的水、肥管理，合适的密度、健壮的叶片是防控褐斑病的基础。提高架势（高架栽培）也可减轻发病。

（3）药剂防治。药剂防治，尤其是在感病品种上、或适宜的气象条件下使用，是防控褐斑病的必要措施。农药使用时期：开始出现老叶的时期；部位：由于病害一般从植株下部叶片开始发生，以后逐渐向上蔓延，喷药要着重喷洒植株下部的叶片。

（二）有效药剂

1. 保护性杀菌剂

50%保倍WP，3 000~4 000倍液，杀菌谱广、保护时间特长、安全性好，封穗前后施用1~2次，褐斑病的防治效果良好。

50%保倍福美双WP，1 500倍液。

80%水胆矾石膏WP，施用400~800倍液。

42%代森锰锌SC，广谱保护性杀菌剂，安全性好，花前花后小幼果期均可施用，耐雨冲刷，特别适宜在雨水较多的地区，或者暴雨前施用。一般用600~800倍液。

78%水胆矾石膏+代森锰锌WP，广谱保护性杀菌剂，施用600倍液。

80%代森锰锌 WP, 800 倍液。

30%王铜（氧氯化铜）, 800~1 000 倍液, 发芽前后到花序分离可以施用; 套袋葡萄套袋后、采收后施用。

波尔多液, 套袋葡萄套袋后、葡萄采收后等可以施用, 雨季 8 天 1 次; 干旱时 15~20 天 1 次。

2. 内吸性杀菌剂

20%苯醚甲环唑水分散粒剂, 3 000~5 000 倍液, 花后至封穗前后结合其他病害的防治, 与保护剂配合施用 1~2 次, 降低前期菌源基数, 发病后, 可以与其他三唑类治疗剂配合或交替施用, 也可以单用 20%苯醚甲环唑水分散粒剂 1 500~2 000 倍液作为救灾措施。

80%戊唑醇: 6 000~10 000 倍液, 有轻微的抑制生长作用, 早期预防只能用高倍数（低浓度）。用于褐斑病救灾时, 可以施用 6 000 倍液。

40%氟硅唑乳油（稳歼菌）, 具有优异的内吸传导性, 可以施用 8 000~10 000 倍液（不能低于 8 000 倍液）。葡萄封穗前与保护性杀菌剂如保倍福美双、喷富露等混合施用, 均匀喷药; 发病后可以与其他治疗剂配合或交替使用。

30%苯醚甲环唑·丙环唑乳油: 2 000~3 000 倍液, 有轻微的抑制生长作用, 小幼果期最好不用, 套袋前施用不能低于 3 000 倍液, 结果后期施用时, 对果粉有不利影响。

50%醚菌酯水分散粒剂, 3 000 倍液, 发病较严重时作为褐斑病的救灾措施, 但成本较高。

（三）救灾措施

立即施用 80%戊唑醇 6 000 倍液, 5 天左右, 再施用 20%苯醚甲环唑 3 000 倍液或 40%氟硅唑 8 000 倍液或 30%苯醚甲环唑·丙环唑 3 000 倍液, 之后正常管理。

第八节　葡萄穗轴褐枯病

一、症状

葡萄穗轴褐枯病主要为害葡萄幼嫩的花序轴或花序梗，也为害幼小果粒。花序轴或花序梗发病初期，先在花序的分枝穗轴上产生褐色水浸状斑点，淡褐色水渍状病斑，扩展后渐渐变为深褐色、稍陷的病斑，湿度大时病斑上可见褐色霉层，即病菌分生孢子梗和分生孢子；扩展后致花序轴变褐坏死，后期干枯，其上面的花蕾或花也将萎缩、干枯、脱落，干枯的花序轴易在分枝处被风折断脱落；发生严重时，花蕾或花几乎全部落光。

谢花后的小幼果受害，形成黑褐色、圆形斑点，直径约0.2毫米左右，仅为害果皮，随果实增大，病斑结痂脱落，对生长影响不大。幼果稍大（黄豆大小）时，病害就不能侵染了。

葡萄穗轴褐枯病为害葡萄，一般减产10%~30%。严重时可减产40%以上；造成穗形不整；为害果实造成果皮粗糙、没有果粉、易裂果等。

二、病原

Alternaria viticola Brum 称葡萄生链格孢霉，属半知菌亚门真菌。分生孢子梗数根，丛生，不分枝，褐色至暗褐色，端部色较淡。分生孢子单生或4~6个串生，个别9个串生在分生孢子梗顶端，链状。分生孢子倒棍棒状，外壁光滑，暗褐至榄褐色，具1~7个横膈膜、0~4个纵隔，大小（20~47.5）微米×（7.5~17.5）微米。

三、发病规律

（一）侵染循环

病菌以分生孢子在枝蔓表皮或幼芽鳞片内越冬，翌春幼芽萌动至开花期分生孢子侵入，形成病斑后，病部又产出分生孢子，借风雨传播，进行再侵染。人工接种，病害潜育期仅 2~4 天。

（二）发病条件

气候：与开花前后雨水多少有关。雨水多发生重；雨水少发病轻；干旱，几乎不发病。

栽培与树体营养：老龄树一般较幼龄树易发病；肥料不足或氮肥过量，有利于发病。

地势：地势低注、通风透光差、环境郁闭时，有利于发病。

品种抗性：品种间抗病性存在差异，巨峰和巨峰系品种抗病性较差。

四、防治技术

在为害严重地区，选择种植抗病品种。

结合修剪，搞好清园工作，清除越冬菌源。

加强栽培管理：控制氮肥用量，增施磷钾肥，同时搞好果园通风透光、排涝降湿，也有降低发病的作用。

药剂防治：保护性杀菌剂有 50%保倍福美双 WP 1 500 倍液、80%福美双 WG 1 000~1 200 倍液、50%保倍 3 000 倍液、代森锰锌（42%代森锰锌 SC600~800 倍液、80%代森锰锌 800 倍液）等。内吸性杀菌剂有 70%甲基硫菌灵 WP 800 倍液或 50%多菌灵 WP 500~600 倍液、10%多抗霉素 WP 600 倍液或 3%多抗霉素 WP 200 倍液、50%乙霉威+多菌灵 WP 600~800 倍液、80%戊唑醇 6 000 倍液、20%苯醚甲环唑 3 000 倍液等。花序分离至开花前是最重要的药剂防治时间。对于花期前后雨水多的地区和年份，结合花后其他药害的防治，选择的药剂能够兼治穗轴褐枯病。

第九节　葡萄蔓割病

葡萄蔓割病又称蔓枯病，主要为害枝蔓，也可为害新梢和果实。1909 年 Reddlck 首次报道葡萄蔓割病在美国纽约州发生。1922
年在美国密执安州、堪萨斯州以及 2 年后在南卡罗来纳州、俄亥俄
州相继发生。1924 年 Hiura 在日本有关"根茎枯萎病"（Rootneck
blight）的报道，1926 年 Drayton 记述了该病害在加拿大安大略省
自 1921 年起已经蔓延成灾。1935 年 Mlies 报道了美国密西西比州、
Hewitt 报道了美国加利福尼亚州的葡萄蔓割病。1936 年 van
Poeteren 记录了荷兰温室葡萄蔓割病发病情况，1937 年 Goidanich
记录了意大利雅斯特区的葡萄蔓割病。此病在我国各葡萄产区均有
分布，尤其是在北方分布较广，是葡萄园常发性病害。一般老果园
发生严重，新果园发生较少，湿度大的年份和地区发病较重，可造
成树势衰弱，产量降低，品质下降，苗木枯死。

一、症状

葡萄蔓割病多发生在二年生以上的枝蔓上，也可以为害叶片、
叶柄和果实。

枝蔓受侵染后，侵染部位显示红褐色或淡褐色不规则病斑，稍
凹陷，后期病斑扩大呈梭形或椭圆形，暗褐色。病部枝蔓纵向开裂
是此病最典型的特征，在病斑上产生黑色小粒点，即病原菌的分生
孢子器。天气潮湿时，小粒点上溢出白色至黄色黏质胶状物，即病
菌的分生孢子团。若主蔓被害，植株生长衰弱，萌芽晚，节间短，
叶片小；果穗及果粒也变小，病株果实提前着色（非正常着色），
品质较差，有时叶片变黄，甚至枝叶萎蔫，严重时，进入翌春老病
蔓出现干裂，抽不出新梢，或者勉强抽出较短新梢，在一二周内即
枯萎死亡。果粒受害后，在果面上出现暗褐色不规则斑点，病斑扩
大后引起果实腐烂，后期病果面密生黑色小颗粒，即为病菌的分生
孢子器。病果逐渐干缩成僵果，果梗受害则枯死；新梢、叶柄或卷
须发病后，初期产生暗褐色、不规则小斑，病斑扩大后，病组织由
暗褐色变为黑色条斑或不规则大斑，后期皮层开裂，组织变硬、
变脆。

二、病原

蔓枯病病原为 *Cryptosporella viticola* （Red.） Shear.，称葡萄生小陷孢壳，属子囊菌亚门真菌。子囊壳球形，黑褐色，埋生于寄主表皮下的垫状子座内，顶部有一短颈，开口通向表皮外，子囊壳壁较薄；子囊圆筒状或纺锤形，大小为（60~72）微米×（7~8）微米，子囊间的侧丝细，有分隔；子囊孢子单胞，无色，大小为（11~15）微米×（4~6）微米。

病菌的无性世代为 *Fusicoccum viticolum* Redd.，称葡萄生壳梭孢，属半知菌亚门真菌。分生孢子器黑褐色，埋生于病组织内，常数个聚生在轮廓不清的子座中，分生孢子器发育前期呈圆盘状，成熟时变为烧瓶状，直径为 2~4 微米，颈短。分生孢子器可产生两种不同形态的分生孢子，Ⅰ型为长纺锤形至圆柱形，略弯曲，单胞、无色，大小为（5~10）微米×（1.5~2）微米。Ⅱ型为丝状，多呈钩形，单胞，无色，大小为（20~24）微米×12 微米，没有发芽能力。

三、发病规律

葡萄蔓割病越冬和初期侵染：主要以分生孢子器或菌丝体在病组织、树皮和芽鳞内越冬。春天，空气潮湿时，分生孢子器吸湿后，从孔口释放出分生孢子，借风雨或昆虫媒介传播到寄主上，开始初次侵染。Ⅰ型孢子萌发温度为 1~37℃，适宜温度为 23℃。病菌在相对湿度为 100% 的条件下 48 小时即可完成侵染，在潜育期 21~30 天后便出现明显症状。天气干热时病菌停止活动。若条件适宜，病菌可以进行重复侵染。春秋冷凉、连续降雨、高湿和伤口是病害流行的主要条件。病菌在葡萄园内的自然传播大多是局部的，远距离传播是通过带菌的繁殖材料。

栽培管理与病害发生轻重也有一定的关系，一般地势低洼、土壤黏重、排水不良、土壤瘠薄、肥水不足的果园，以及管理粗放、虫伤、冻伤多或患有其他根部病害的葡萄树，发病较严重；多雨、潮湿的天气也有利于发病。

葡萄品种间抗病性差异也较明显，当前栽培的品种中，如佳利酿、法国兰、龙眼等欧亚种葡萄较美洲种葡萄易感病，有时会造成毁灭性的危害。

四、防治技术

（1）繁殖材料消毒。对远距离引进的砧木、接穗、插条和苗木等繁殖材料可用3波美度石硫合剂进行处理，以减少病菌。

（2）剪刮病蔓，清除菌源。在发病时期要勤检查，早期发现病蔓，要及时剪除。发现老蔓上病斑，用小刀将其刮除，一直刮至见到无病的健康组织，刮后将病残体集中烧毁或深埋，以防病菌传播。刮后的伤口涂以密度1.036千克/升的石硫合剂，或50%多菌灵可湿性粉剂600倍液，以保护伤口不再受侵染。

（3）加强果园管理。葡萄树的长势和蔓割病的抗病性有很大的关系。肥水供应充足、合理，田间管理精细、及时，挂果量适宜，可保护植株旺盛的生活力，增强树体的抗病性。北方寒冷地区，冬季适时入土，加强防寒工作，操作时要尽量减少根、茎部损伤；注意防治地下害虫、茎部蛀虫及其他根部病害，减少病菌侵入的机会。

（4）药剂防治。葡萄发芽前，可喷一次石硫合剂，同时也可兼治其他病害。春末夏初，在病菌的分生孢子角分散传播之前，重点对老枝蔓的茎部喷1~2次铜制剂，比如1:0.7:200倍液的波尔多液或80%水胆矾石膏。生长期可喷施50%多菌灵可湿性粉剂800倍液。落叶休眠后至埋土防寒前用50%福美双可湿性粉剂400~600倍液。

有效药剂还有：代森锰锌、保倍福美双、甲基硫菌灵等。

第十节 葡萄根腐病

一、葡萄圆斑根腐病

葡萄圆斑根腐病，是中国黄河中下游葡萄产区新发生的一种病害。近年来，陕西、山西、河南及黄河故道一带先后发生此病，而且有逐年扩展的趋势。部分受害严重的果园产量下降15%以上。

（一）症状

该病主要为害根部，造成地上部萎蔫枯死。病害一般在萌芽后到开花这一阶段症状表现明显。病害根部受害不同，地上部症状轻重不同，严重时整株枯死。主要有以下症状类型。

（1）萎蔫型。是病株地上部分表现最普遍的一种症状，病株在萌发后整株或部分枝蔓叶萎缩，生长缓慢，花絮凋萎，新抽发的枝条呈现失水状态，皮层皱缩。

（2）叶片青干型。病株叶片骤然发生萎蔫，失水青干，失水一般由叶缘向叶内扩展，但有时也会形成沿主脉向外扩展。在青干和健康组织交界处，有明显的褐色晕带。

（3）叶缘焦枯型。病株叶片尖端或边缘变褐焦枯，病叶中部仍保持绿色，病叶不脱落。

（4）枯枝型。植株上与病根相对应的枝蔓枯死，解剖可见皮层变褐下陷，后期坏死皮层翘起剥落。

（5）整株枯死型。病株萌芽后，全株逐渐枯死，但部分植株仍能从基部萌生新的根蘖。

根部受害首先是从须根开始，受害的须根截面明显褐变，接着枯死腐烂，围绕须根的基部形成一个个褐色的圆形病斑，病斑逐渐扩大，相互愈合扩展，深度可达木质部，肉质根受害后变黑枯死。受害的根系可以反复产生愈合组织和抽生部分新根，根部可形成病、健组织相互交错的和典型的凹凸不平的圆形褐色病斑。此病随着地温的增高和水肥条件的改善，发病逐渐变慢，病株仍可抽发副梢，有的病株甚至完全可以恢复健康。

（二）病原

引起葡萄圆斑根腐病的病原主要为茄腐皮镰刀菌 *Fusarium solani*（Mart.）Sacc.，茄腐皮镰刀菌的子座蓝色，呈菌核状。分生孢子散生或生于假头状体、分生孢子子座或黏在分生孢子团中，大型分生孢子镰刀形或纺锤形，稍弯曲，无色，足细胞有或无，胞壁较厚，具有 3~5 个隔膜，以 3 个隔膜者居多，大小为（19~50）微米×（3.5~7）微米；小型分生孢子椭圆形、长椭圆形或短腊肠形，无色、单胞或双胞，大小为（4~15）微米×（3~5）微米；另外还可顶生或间生厚壁孢子，球形或洋梨形，大小为 7~14 微米。

（三）发病规律

引起葡萄圆斑根腐病的茄腐皮镰刀菌，为土壤习居菌，不但能随病残体在土壤中生存，也可以在土壤中长期腐生存活多年，寄主范围广，可形成厚壁孢子，抗逆性强，对土壤中的恶劣环境及拮抗菌的抗性较强。因此，病菌的初侵染源可来自土壤、病残体、苗木等多种途径。

镰刀菌是一种弱寄生菌，因此树势强弱是发病的重要因素。病菌必须从伤口入侵，所以生长衰弱、虫伤、冻伤以及其他损伤多的根系易受侵染，发病较多，病害发展迅速。

该病菌主要是通过雨水、灌溉流水以及土壤耕作等农事活动传播。

圆斑根腐病的发生，与果园管理水平有密切关系，造成树势衰弱的因素都会加重病害的发生，通常土壤耕作粗放，干旱、缺肥、土壤盐碱化、土壤板结，通气性不良，结果过多，果园杂草丛生等，导致根系生长衰弱的种种因素，都是诱发葡萄圆斑根腐病发生的重要因素。一些地下害虫造成根部伤口也会加重该病的发生。

（四）防治技术

1. 加强果园管理

（1）增施有机肥。每年冬前要施足充分腐熟的有机肥料，促使根系发育良好，提高根系抗病力。

（2）加强果园的排灌工作。干旱时及时灌水，雨后及时排水，以防止果园积水，根系受淹。

（3）做好土壤管理。细致进行土壤耕作，加深熟土层，保持土壤通气性良好，创造有利于根系生长而不利于病菌生长发育的条件；防治地下害虫，冬季搞好防寒保护，尽可能减少根部伤口的产生。

2. 苗木消毒

新栽植的苗木最好进行消毒处理，常用药剂是 50%苯菌灵600~1 000倍液。

3. 土壤消毒

为防止病害继续扩展蔓延，对发病的植株可采用药剂灌根，以杀死土壤中病菌，使植株恢复健康，常用的土壤消毒剂有：70%甲基硫菌灵 800 倍液；50%苯来特 1 000倍液；50%退菌特 250~300倍液；1%的硫酸铜溶液，以上药剂用量为每株葡萄浇灌 10 千克左右，采用此法可使病株症状消失，生长显著转旺。

4. 铲除病株

对无法治疗或即将死亡的重病株，应及时挖除，挖后尽可能将病残根处理烧毁，根周围的土壤也应搬出园外，病穴应用生石灰或70%甲基托布津 800 倍液消毒，然后再选择无病健康的植株进行补栽。对临近的植株也采取药剂灌根，避免病害在田间进一步扩展蔓延。

二、葡萄白纹羽根腐病

葡萄白纹羽根腐病又被称为白根腐病、白根病、根腐病。在全国各地的主要葡萄产区均有分布，可引起葡萄根部腐烂、树衰，严重时全株死亡。

（一）症状

葡萄白纹羽病主要是为害葡萄的根部，幼树和老树均可受害，通常病根表面覆盖一层白色至灰白色的菌丝，有些菌丝聚集成绳索状的"菌索"。在根颈组织上表现明显。根部受害先是为害较细小的根，逐渐向侧根和主根扩展，被害根部皮层组织逐渐变褐腐烂后，横向向内扩展，可深入到木质部。受害严重的植株可造成整株青枯死亡，一般幼树表现明显，多年生大树死亡较缓慢。当部分根系受害后，即引起树势衰弱、发育不良、枝叶瘦弱、发芽延迟、新梢生长缓慢，似脱肥状。由于病树根部受害腐烂，故病株易从土壤中拔出。病树有时易于地表处断裂，土壤下面的树皮变黑，易脱落。

（二）病原

引起葡萄白纹羽根腐病的病原有性世代为褐座坚壳 *Rosellinia necatrix*（Hart.）Berl.，属于子囊菌亚门。病菌的子囊壳近球形，褐色至黑色，集聚，埋生于寄主表皮下的菌丝层中，直径为 10~20 微米。子囊圆筒形，具长柄，单层膜，大小为（250~380）微米×（8~12）微米，一个子囊内含 8 个子囊孢子，子囊孢子纺锤形，单胞，暗褐色，直或弯曲，大小为（30~50）微米×（5~8）微米，病菌的子囊壳发育时间较长，一般很少见到。

病菌的无性世代为白纹羽束丝菌 *Dematophora necatrix* Hartig.，属于半知菌亚门。病菌产生褐色、刚硬的菌丝束，长 10~50 微米，菌柄厚 40~300 微米，向顶端二叉状分枝，可产生大量的分生孢子。分生孢子椭圆形至卵形，无色，大小为（3~4.5）微米×2.5微米。病菌的老龄菌丝在其邻近隔膜处的细胞末端膨大。

（三）发病规律

病菌在土壤中生存，潮湿和有机质丰富的土壤适宜病菌生长繁殖。病菌主要以菌丝侵染植物的根部，病菌生长的最适宜温度为 22~28℃，在 31℃ 以上时不能生长。病菌的远距离传播主要靠带菌苗木等繁殖材料和未腐熟的农家肥等，近距离蔓延靠菌丝的生长和根系间交叉接触传染。病菌的寄主范围非常广泛，除为害葡萄外，还可侵染其他果树、花卉、园林树木和蔬菜等 34 科 60 余种植物。在葡萄园土壤黏重、透气性不好、湿度较大等条件下易发病。

（四）防治技术

同葡萄圆斑根腐病。

三、葡萄紫纹羽根腐病

（一）症状

葡萄紫纹羽根腐病，一般从须根或小根开始发病，以后逐渐向侧根和主根蔓延。病根表皮最初出现黄褐色、不规则的斑块，后深入皮层组织，使皮层组织也变褐色，病根表面长出一层暗紫色的菌丝层，并形成紫褐色线条状菌索围绕在病根上，发病后期在病根表面形成半球形、暗褐色的菌核，菌核大小为 10~20 微米。被害根的皮层由褐色逐渐变为黑色甚至腐烂，最终连根的木质部也一起腐烂。

由于葡萄根部病害造成根的腐烂，植株地上部的枝、蔓生长衰弱，节间变短，叶片小而发黄，严重者叶片甚至落光，最后导致植株枯死。

（二）病原

病原 *Helicobasidium mompa* Tanaka，属于担子菌亚门。病根表面覆盖的暗紫色菌丝层由 5 层菌丝组成。外层为子实层，其上着生担子。担子椭圆形，无色，由 4 个细胞组成，大小为（25~40）微米×（6~7）微米，向一侧弯曲，每个细胞伸出一个小梗。小梗圆锥形，无色，大小为（5~15）微米×（3~4.5）微米。小梗上着生担孢子，担孢子单胞、无色、卵圆形，顶端较圆，基部较尖，大小为（16~19）微米×（6~6.4）微米。

（三）发病规律

同葡萄圆斑根腐病。

（四）防治技术

同葡萄圆斑根腐病。

第八章　葡萄细菌性病害

在我国已发现的细菌性病害只有葡萄根癌病。世界上还有皮尔斯氏病、细菌性疫病等细菌性病害。

第一节　葡萄根癌病

葡萄根癌病是由根癌土壤杆菌引起的一种世界性病害。此菌寄主范围广，可侵染 93 科 331 属 643 种植物，为害多种果树、林木、花卉，甚至瓜类，在生产上造成非常大的损失。我国受害较重的树种有桃树、樱桃、葡萄、梨、苹果、李子等果树。

一、症状

植物被根癌病菌侵染后，在植物的根部（有时在茎部，所以也称冠瘿病）形成大小不一的肿瘤，初期幼嫩，后期木质化，严重时整个主根变成一个大瘤子。病树树势弱，生长迟缓，产量减少，寿命缩短。重茬苗圃发病率在 20%～100% 不等，有的甚至造成毁园。

葡萄根癌菌是系统侵染，不但在靠近土壤的根部、靠近地面的的枝蔓出现症状，还能在枝蔓和主根的任何位置发现病症。但主要在主蔓上，呈现瘤状病症（彩图 8-1-1 至彩图 8-1-6）。

二、病原

根癌病病菌是土壤杆菌属（*Agrobactium* spp.）的细菌。十几年之前，土壤杆菌属的细菌是根据致病性划分种：没有致病性的是放射土壤杆菌（*A. radiobacter*）；引起根癌病的是根癌土壤杆菌（*A. tumefaciens*）；引起发根的是发根土壤杆菌（*A. rhizogenes*）。引起根癌病的根癌土壤杆菌（*A. tumefaciens*）根据生理生化性状，分为三个生物型：Ⅰ型、Ⅱ型、Ⅲ型。引起葡萄根癌病的主要是生物Ⅲ型。

1990年之后，Ophel & Kerr、Sawada、Bouzar等改变了原来种的分类方法，把生物型上升为种，由致病性所带的质粒作为定种的依据：把生物Ⅲ型的根癌土壤杆菌定名为葡萄土壤杆菌（*A. vitis*）；生物Ⅰ型的根癌土壤杆菌定名为根癌土壤杆菌（*A. tumefaciens*）；生物Ⅱ型的根癌土壤杆菌定名为发根土壤杆菌（*A. rhizogenes*）。细菌细胞中带Ti质粒就导致根癌；带Ri质粒就引起发根；不带致病质粒就没有致病性，以区别各种。

三、发病规律

病原菌附着在寄主细胞上，受伤植物所合成的细胞代谢物活化*Vir*（毒力）基因，激活的*Vir*基因能加工和转移Ti质粒中的一个片段T-DNA，转移到植物细胞的T-DNA整合到植物染色体组，并稳定维持。转移和整合的T-DNA，含有编码合成两种生长剂（生长素和细胞分裂素）的基因，还含有一类群氨基酸衍生物（冠瘿碱，opine）的基因，影响植物激素的合成，导致植物肿瘤的发生。

根癌土壤杆菌（*A. tumefaciens*）是局部侵染；葡萄土壤杆菌（*A. vitis*）是系统侵染。

四、防治技术

根据根癌病的侵染特点和致病机制，当发现根癌症状时，就证明T-DNA已经转移到植物的染色体上，这时使用杀菌剂杀灭病原细菌，已无法抑制植物细胞的增生，也无法使肿瘤症状消失。因此根癌病的防治策略必须要预防为主。具体防治方法如下。

（一）解决土壤带菌问题

土壤消毒是非常有效的方法，但成本比较高。可以使用甲基溴（溴甲烷）熏蒸等措施进行土壤消毒。

（二）加强苗木检疫和种条、种苗的消毒

对于没有根癌病的地区和田块，苗木引进要经过严格检验检疫，不要从有根癌病的地方或苗圃引进苗木，并且在种植前进行消毒。消毒的方法为 100 倍硫酸铜水，加热到 52~54℃，浸泡苗木 5 分钟；或用 52~54℃ 的清水浸泡苗木 5 分钟，然后用 80% 水胆矾石膏 200 倍液涮苗木，使苗木的根、枝蔓均匀着药。苗木处理后，再栽种。

（三）减少伤口和保护伤口

根癌菌是以伤口作为唯一的侵染途径，而且是以同样的致病机理使植物发病，因此，减少伤口和保护伤口是最好的防治方法。

尽量减少伤口：对于葡萄来讲，减少冻害是最主要的方面。防止早期落叶（后期病害的防治），保障枝条的充分成熟和营养的充分贮藏是减少冻害的基础；做好冬季的防寒措施是减少冻害的辅助条件。此外，栽培上要尽量减少伤口。

保护伤口：为伤口提供化学保护，可以使用化学制剂也可以使用生物制剂。

（四）抗性品种的应用

利用抗性品种和抗性砧木，是防治根癌病的很好的思路，但是，目前还没有发现抗性很好的品种或砧木。

（五）药剂防治

许多人探讨用化学药剂防治植物根癌病，但没有发现有效的化学药剂防治（除土壤处理）方法，原因是药剂的持续时间短或成本高等原因，从而不能在生产上广泛应用。

（六）生物防治

20 世纪 70 年代，澳大利亚的 A. Kerr 发现一株放射土壤杆菌

（*A. radiobacter* 84）对桃树根癌病有抑制作用，从此为根癌病的防治提供了一条有效的途径，并在澳大利亚制成商品制剂。可以用于葡萄根癌病防治的放射土壤杆菌有：

F2/5：1985 年南非 Staphorst 从葡萄根癌病组织中分离获得，不致病，原名是 *A. radiobacter*（放射土壤杆菌），生物Ⅲ型，新名称应为属 *A. vitis*，产生农杆菌素。

J73：1986 年南非 Webster 从李树根癌中分离到，本身是病原菌，但对葡萄不致病，且能通过产生农杆菌素抑制葡萄根癌病的发生，原名是 *A. radiobacter*，生物Ⅰ型，新名称应为属 *A. tumefaciens*。目前 J73 已消除了 Ti 质粒而无致病性。

HLB-2：1986 年陈晓英等从山东啤酒花根癌中分离获得，无致病性，原名是 *A. radiobacter*，生物Ⅰ型，新名称应为属 *A. tumefaciens*，能产生农杆菌素。

MI15：1986 年游积峰等从内蒙古葡萄根癌病组织中分离获得，原名是 *A. radiobacter*，生物Ⅰ型，新名称应为属 *A. tumefaciens*。

E26：1990 年梁亚杰等从葡萄根癌病组织分离，原名是 *A. radiobacter*，生物Ⅲ型，新名称应为 *A. vitis*，无致病性，能产生农杆菌素。

据中国农业大学植保学院的试验，生防菌株 E26 对来自葡萄的 12 株生物Ⅲ型根癌菌（*A. vitis*）全部具有抑制作用，而且对生物Ⅰ型和生物Ⅱ型的部分根癌菌也有很好的抑制作用，是一个很有潜力的生防菌。

中国农业大学植保学院把 E26 菌株制作成抗根癌菌剂Ⅱ号湿粉剂，用于葡萄根癌病的防治。处理时间：栽种或移植前，浸沾根部，使菌剂附在植株体表即可。使用方法：将菌剂加 1~2 倍水后调匀蘸根。注意事项：防止日晒；蘸根后立即覆土，防止干燥；避免与强酸或强碱等接触。

第二节　葡萄皮尔斯病

葡萄皮尔斯病在我国还没有发现，在此介绍一下，请大家参考和注意。如果我国没有这些病害，希望通过检疫措施和大家的努力，把这些病害拒之门外。

皮尔斯病又被称为热斑病，1884年美国首次发现葡萄皮尔斯病，在加利福尼亚州曾有4次大流行，先后毁灭了数十万亩葡萄园，其中洛杉矶就有5~7年生的葡萄几乎全部死亡，对几个州的葡萄酒行业造成严重危害。该病普遍发生于美洲冬季暖和的地区，包括美国加利福尼亚州到佛罗里达州的广大地区，曾经毁灭过很多葡萄园。目前除美国、墨西哥和中南美洲的一些国家外，在欧洲（如法国等）一些国家也有报道。

一、症状

病株在早春发芽晚，新梢生长缓慢，矮化、不结实或结实少，枝条最初出现的8片叶，叶脉绿色，沿叶脉皱缩，稍变畸形，以后再长出的叶片不再显示症状，只是在生长的中后期（晚夏）才出现局部灼烧的症状。灼烧一般沿叶脉发生，后逐渐变黄褐，灼烧区大小不定，呈带状从边缘向叶柄扩展。秋天病叶提早脱落，枝条上只留下叶柄。在叶片显症之后，枝条上的果实便停止生长，并凋萎、干枯，或提前着色，但不是真正的成熟。枝条成熟不一致，颜色斑驳，未成熟的易受冻枯死。根部早期生长正常，严重时枯死，直至根茎部干枯死亡。该病对葡萄植株是致命病害。病株可以在几个月内死亡，也可以存活几年，一般幼树得病后，重者会造成当年死亡。

二、病原

历史上皮尔斯病的病原被认为是病毒，因为应用常规培养基不能培养，通过嫁接和昆虫传播；有人把它当作类立克次体细菌（Rickettsia-like bacteria）或类立克次体（Rickettsia-like organism）。直到 1978 年 M. J. Davis 等第一次在培养基上分离培养成功后，才证实是一种难以培养的细菌 *Xylella fastidiosa* Wells et al. 。菌体短杆状，单生，细胞膜外有明显的波纹状细胞壁，对青霉素表现敏感。大小为（1~4）微米×（0.25~0.5）微米，革兰氏阴性，不游动，无鞭毛，过氧化氢酶阳性，严格好氧，非发酵，非嗜盐，无色素沉积。在特殊培养基如 BCYE、JD-3 等上可以生长，菌落有两种形态：一种为凸起到稍凸起，光滑，乳白色，边缘粗糙或全缘；另一种为纽扣状，边缘具细波状纹。适温 26~28℃，适宜酸碱度 pH 值 6.5~6.9。

三、发病规律

皮尔斯病病原体主要在葡萄和其他寄主内越冬。该病菌的寄主范围非常广泛，有 28 种以上，除了为害葡萄属植物外，还能侵染豆科、禾本科、蔷薇科等一年生和多年生的木本植物和野生杂草等。该病可由葡萄的繁殖材料传播，也可由吸食木质部养分的害虫所传播，主要是各种叶蝉和沫蝉。这些昆虫通过吸食病株木质部和其他寄主上的汁液，在病、健树之间相互传染。但在韧皮部吸食的一些叶蝉偶然刺入木质部组织不能传播细菌，有研究表明，当病株内病原体浓度高时，菌体集聚，使葡萄树产生侵填体和树胶，堵塞树干维管束组织，限制了水分的输导或因病菌产生毒素而引起此类症状的出现。在美国西部，病菌是从葡萄园外围植被传入的，葡萄植株之间不传播。相反，在美国东部，得病葡萄是侵染源。

昆虫介体是流行的最主要因素。昆虫介体吸食带病植株后，经过 2 小时左右的循回期，就能够传病；若虫和成虫具有同等的传病能力。介体在野生寄主越冬，第二年传到葡萄上，成为重要的侵染源。

四、检验和防治方法

（一）检验方法

检验方法比较多。①用酸化甲醇处理成熟的木质部的切面，病株木质部被染成红色。②真空抽取葡萄枝蔓的滤液，离心后，利用相差显微镜检查。③直接或间接免疫荧光法等。④分离培养，接种验证等。

（二）防治方法

（1）严格检疫。防止皮尔斯病传播，最关键是要禁止从疫区引进苗木。苗木要经过温水消毒，在45℃热水浸约3小时，50℃热水20分钟可消灭皮尔斯病的病原菌（*Xylella fastidiosa*）。

（2）搞好园内卫生。要经常清洁葡萄园，铲除杂草，消灭传毒媒介和寄主植物侵染源。

（3）防治媒介昆虫。在叶蝉和沫蝉等昆虫集中活动时期喷施80%敌敌畏2 000倍液进行防治。

（4）选用抗病品种。品种之间具有显著的抗性差异。常发重病园，应注意选栽抗病品种，此方法已成为美国和美洲热带区防治皮尔斯病的有效手段。

（5）药剂防治。施用四环素、青霉素（40万单位）5 000倍液及其他抗菌素，对减轻病害的危害具有一定的作用。

第九章 葡萄虫害

第一节 绿盲蝽

绿盲蝽 *Lygocoris lucorum* (Meyer-Dur.)，又名花叶虫，属半翅目，盲蝽科。寄主植物多，可为害果树、蔬菜、棉花、苜蓿等多类作物，是棉花上的重要害虫。近年来，随着农业产业结构的调整，葡萄种植面积的扩大，绿盲蝽在葡萄上的为害日益严重，已成为葡萄上的重要害虫之一。

一、分布与为害

绿盲蝽分布广泛，全国各地均普遍发生。国外分布于日本、欧洲、美国等地。绿盲蝽以成、若虫刺吸为害葡萄的幼芽、嫩叶、花蕾和幼果，刺的过程分泌毒汁，吸的过程吸食植物汁液，造成受害部位细胞坏死或畸形生长。葡萄嫩叶被害后，先出现枯死小点，随叶芽伸展，小点变成不规则的多角形孔洞，俗称"破叶疯"（彩图9-1-1）；花蕾受害后即停止发育，枯萎脱落；受害幼果粒初期表面呈现不很明显的黄褐色小斑点，随果粒生长，小斑点逐渐扩大，呈黑色，受害皮下组织发育受阻，渐趋凹陷，严重的受害部位发生龟裂，严重影响葡萄的产量和品质。

二、形态特征

卵：长约1毫米，黄绿色，长口袋形，卵盖奶黄色，中央凹陷，两端突起，无附属物。

若虫：若虫共 5 龄，初孵时绿色，复眼桃红色。5 龄若虫全体鲜绿色，触角淡黄色，端部色渐深，复眼灰色。翅芽尖端蓝色，达腹部第 4 节（彩图 9-1-2、彩图 9-1-3）。

成虫：体长约 5 毫米，雌虫稍大，体绿色。复眼黑色突出。触角 4 节丝状，较短，约为体长 2/3，第 2 节长等于第 3、第 4 节之和，向端部颜色渐深，1 节黄绿色，4 节黑褐色。前胸背板深绿色，有许多黑色小刻点。小盾片三角形微突，黄绿色，中央具 1 浅纵纹。前翅膜片半透明暗灰色，余绿色。

三、生活史与习性

1 年发生 3~5 代，主要以卵在各种果树树皮内、芽眼间、枯枝断面，棉花枯断枝茎髓内及杂草或浅层土壤中越冬。翌年 3—4 月越冬卵开始孵化，越冬代卵孵化期较为整齐，4 月下旬，葡萄萌芽后即开始为害，5 月上中旬展叶盛期为为害盛期，5 月中下旬幼果期开始为害果粒，5 月下旬后气温渐高，虫口渐少。第 1、第 2、第 3、第 4 代分别出现在 6 月上旬、7 月中旬、8 月中旬、9 月中旬，世代重叠现象严重，主要转移到豆类、玉米、蔬菜等作物上为害。9 月下旬至 10 月上旬产卵越冬。

成虫飞翔能力强，若虫活泼，白天潜伏，稍受惊动，迅速爬迁，白天不易发现。主要于清晨和傍晚在芽、嫩叶及幼果上刺吸为害。这就是只看到破叶、看不到虫子的原因。成虫寿命较长，30~40 天，羽化后 6~7 天开始产卵，产卵期可持续 20~30 天，且产卵一般具有趋嫩性，多产于幼芽、嫩叶、花蕾和幼果等组织内，但越冬卵大多产于枯枝、干草等处。

四、发生与环境

（一）气候

绿盲蝽发生与气候条件密切相关，其喜温暖、潮湿环境，高湿条件下，若虫活跃，生长发育快，雨多的年份，发生较重。气温

20~30℃、相对湿度80%~90%最易发生为害。近年来5月上中旬气温、湿度条件适合，是造成绿盲蝽发生严重的主要原因之一。

(二) 寄主

绿盲蝽食性杂，但以前只在牧草、棉花上危害严重，近些年随着农业结构的调整，特别是大面积推广种植转基因抗虫棉以来，由于抗虫棉生长前期抗虫性较好，棉田化学农药使用次数减少，有利于绿盲蝽的发生和繁衍，虫源基数逐年增加，使其逐渐成为葡萄、枣树、苹果及蔬菜等多种作物上的重要害虫。葡萄园内或周围种植棉花、牧草、枣树、豆科作物等喜食植物，对其早春食物衔接、养分补充提供了有利条件，有利于其种群发生。

(三) 天敌

绿盲蝽天敌种类较多，卵寄生蜂有点脉缨小蜂、盲蝽黑卵蜂、柄缨小蜂。捕食性天敌有花蝽、草蛉、姬猎蝽、蜘蛛等。自然条件下对其有较强的控制作用。

五、防治方法

(一) 农业防治

(1) 清理越冬场所。在葡萄越冬前（北方埋土防寒前），清除枝蔓上的老粗皮、剪除有卵剪口、枯枝等。

(2) 及时清除葡萄园周围棉田中的棉柴、棉叶，清除树下及田埂、沟边、路旁的杂草及刮除四周果树的老翘皮，剪除枯枝集中销毁。减少、切断绿盲蝽越冬虫源和早春寄主上的虫源。

(3) 葡萄生长期间及时清除果园内外杂草，及时进行夏剪和摘心，消灭其中潜伏的若虫和卵。

(二) 物理防治

每4公顷果园悬挂1台频振式杀虫灯，利用绿盲蝽成虫的趋光性进行诱杀。

(三) 化学防治

(1) 统一防治。绿盲蝽具有很强的迁移性，一家一户防治效果不理想，要根据预测预报发动村民统一防治，有条件的乡（镇）、村要成立机防专业队，做到统一时间、统一用药、统一行动。

（2）适宜的防治时机。绿盲蝽具有昼伏夜出习性，成虫白天多潜伏于树下，沟旁杂草内，多在夜晚和清晨为害。所以，喷药防治要在傍晚或清晨进行以达到较好的防治效果。

（3）注意保护利用天敌。绿盲蝽的自然天敌种类多，在进行化学防治时，要以保护天敌为前提，尽量选用对天敌毒性小的新烟碱类杀虫剂。

（4）早春葡萄芽前，全树喷施一遍3波美度的石硫合剂，消灭越冬卵及初孵若虫。越冬卵孵化后，抓住越冬代低龄若虫期，适时进行药剂防治。常用药剂有：吡虫啉、啶虫脒、马拉硫磷、溴氰菊酯、高效氯氢菊酯等。连喷2~3次，间隔7~10天。喷药一定要细致、周到，对树干、地上杂草及行间作物全面喷药，做到树上、树下，喷严、喷全，以达到较好的防治效果。

第二节　透翅蛾

葡萄透翅蛾（*Paranthrene regalis* Butler），属鳞翅目，透翅蛾科。主要为害葡萄，也可为害苹果、梨、桃、杏、樱桃等，是葡萄生产上的主要害虫之一。

一、分布与为害

葡萄透翅蛾分布较广，国内广泛分布于辽宁、吉林、内蒙古自治区、河北、天津、山西、河南、山东、江苏、浙江、安徽、陕西及四川等葡萄产区；国外分布于日本、朝鲜。

幼虫为害葡萄嫩枝及1~2年生枝蔓，初龄幼虫蛀入嫩梢，蛀食髓部，使嫩梢枯死。幼虫长大后，转到较为粗大的枝蔓中为害，被害部肿大呈瘤状，蛀孔外有褐色粒状虫粪，枝蔓易折断，其上部叶变黄枯萎，果穗枯萎，果实脱落（彩图9-2-1）。轻者树势衰弱，产量和品质下降；重者致使大部枝蔓干枯，甚至全株死亡。

二、形态特征

成虫：体长18~20毫米，翅展30~36毫米，体蓝黑色至黑褐色，触角黑紫色，头顶、颈部、后胸两侧、下唇须第3节橙黄色。前翅红褐色，前缘、外缘及翅脉黑色，后翅半透明，前后翅缘毛均为紫色。腹部有3条黄色横带，分别在第4、第5节及第6节，以第4节横带最宽，第6节后缘次之，第5节上的最细。雄蛾腹末两侧各有1长毛束。

卵：长1.1毫米，椭圆形，略扁平，紫褐色。

幼虫：体长25~38毫米，全体略呈圆筒形。头部红褐色，胸腹部淡黄白色，老熟时淡紫红色，全体疏生细毛。前胸盾具倒"八"字纹，胸足淡褐色，围气门片褐色（彩图9-2-2）。

蛹：体长约18毫米，红褐色。腹部2~6节背面各有2横列刺，7~8节各有1横列刺。末节腹面亦有1横列刺。

三、生活史与习性

1年发生1代，以老熟幼虫在被害枝蔓里越冬。翌年4月下旬至5月上旬幼虫开始活动，在越冬处的枝条里咬一个圆形羽化孔，后吐丝作茧化蛹。蛹期10天左右，5月中旬至6月羽化，一般成虫羽化盛期和葡萄开花盛期相一致。成虫羽化后即可开始交配、产卵，雌雄虫一生只交尾一次。成虫飞翔力强，白天活动。卵多产在直径0.5厘米以上的新梢上，产于叶腋、叶片、果穗、卷须、嫩芽等处，但以叶腋和叶片最多。卵多散产，个别有2~4粒在一处的，1头雌虫一生平均产卵79~91粒，卵期10天。初孵幼虫多从叶柄基部侵入嫩梢，蛀孔处呈紫红色。幼虫蛀入枝蔓后，先向枝蔓先端蛀食，致使蔓梢很快枯死。此后转向枝蔓基部方向蛀食，受害部位呈现膨肿状或形成瘤状突起，受害处上部叶片变黄，果实脱落。幼虫可进行 2~3 次转移为害，越冬前转移到 2 年及以上生枝蔓蛀食为害，遇震动或风吹时常造成折断或枝蔓枯死，9—10 月以老熟幼虫越冬。

四、发生与环境

(一) 树龄

随树龄增加株蛀害率加重。因为成虫喜欢在长势旺盛、枝叶茂密的植株上产卵，随树龄增加，主干增粗，枝梢生长旺盛，营养丰富，为害加重。

(二) 生育期

同一品种，不同生育期，受害不同。从萌芽生长期开始为害，以开花期和浆果期受害最重，浆果成熟采收期，为害逐渐减轻。

(三) 天敌

调查发现该虫蛹的寄生蜂有松毛虫黑点瘤姬蜂，幼虫期和蛹期有白僵菌寄生。

五、防治方法

(一) 农业防治

(1) 冬、春季剪除虫枝。修剪时结合冬季修剪，认真剪除虫枝，予以烧毁。春季萌芽期再细心检查，凡枝蔓不萌芽或萌芽后萎缩的，虫枝应及时剪除，以消灭越冬幼虫，降低虫源。

(2) 生长季节，幼虫孵化蛀入期间，发现节间紫红色的先端嫩梢枯死，或叶片凋萎，或先端叶边缘干枯的枝蔓均为被害枝蔓，及时剪除。7、8 月以后，发现有虫粪的较大蛀孔，可用铁丝从蛀孔刺死或钩杀幼虫。

(二) 化学防治

(1) 药液注射。用注射针筒向幼虫排粪孔内注入 80% 敌敌畏乳油 100 倍液或 2.5% 敌杀死乳油 200 倍液，然后用湿泥封口。

（2）卵孵化高峰喷施化学药剂。种类有：三唑磷、辛硫磷、三氟氯氰菊酯、高效氯氢菊酯等，1年只需施药1次就能消除葡萄透翅蛾的危害。

第三节　葡萄介壳虫类

一、东方盔蚧（*Parthenolecanium orientalis* Bourchs）

又名远东盔蚧、扁平球坚蚧等。属同翅目，蚧总科，坚蚧科。是果树和林木的重要害虫。主要寄主有桃、杏、苹果、梨、山楂、核桃、葡萄、刺槐、国槐、白蜡、合欢等，其中以葡萄、桃、刺槐受害最重。

（一）分布与为害

东方盔蚧在我国分布广泛，主要分布在河北、河南、山东、山西、江苏、青海等葡萄产区。以雌成虫、若虫为害葡萄枝干、叶片和果实（彩图9-3-1、彩图9-3-2）。雌成虫和若虫附着在枝干、叶和果穗上刺吸汁液，并排出大量黏液，招致霉菌寄生，表面呈现烟煤状，严重影响叶片的光合作用，枝条严重受害后枯死，果面被污染，造成树势衰弱，使产量和品质受到严重影响。

（二）形态特征

雌成虫：黄褐色或红褐色，扁椭圆形，体长3.5~6.0毫米，体宽3.5~4.5毫米，体背中央有4纵排断续的凹陷，凹陷内外形成5条隆脊。体背边缘有横列的皱褶排列较规则，腹部末端具臀裂缝。

卵：长椭圆形，淡黄白色，长径0.5~0.6毫米，短径0.25毫米，近孵化时呈粉红色，卵上微覆蜡质白粉。

若虫：初龄若虫扁椭圆形，长径0.3毫米，淡黄色。触角和足发达，具有一对尾毛。3龄若虫黄褐色，形似雌成虫。越冬2龄若虫体赭褐色，椭圆形，上下较扁平，体外有1层极薄的蜡层，虫体周边锥形刺毛达 108 条。

（三）生活史与习性

东方盔蚧在葡萄上每年发生 2 代，以 2 龄若虫在枝蔓的裂缝、叶痕处或枝条的阴面越冬。翌年 4 月葡萄出土后，随着气温升高越冬若虫开始活动，爬至 1~2 年生枝条或叶上为害。4 月上旬虫体开始膨大并蜕皮变为成虫，4 月下旬雌虫体背膨大并硬化，5 月上旬开始产卵在体下介壳内，5 月中旬为产卵盛期，通常孤雌生殖，每雌产卵 1 400~2 700 粒，卵期 20~30 天。5 月下旬至 6 月上旬为若虫孵化盛期，若虫爬到叶片背面固定为害，少数寄生于叶柄。6 月中旬蜕皮为 2 龄若虫并转移到当年生枝蔓、穗轴、果粒上为害，7 月上旬羽化为成虫。7 月下旬至 8 月上旬产卵，第 2 代若虫 8 月孵化，中旬为盛期，仍先在叶上为害，9 月蜕皮为 2 龄后转移到枝蔓越冬。

此虫在红玫瑰、金后、红鸡心、龙眼上发生严重。该虫的捕食性天敌有黑缘红瓢虫、小红点瓢虫等，黑缘红瓢虫是其主要天敌，1 头黑缘红瓢虫一生可食 2 000 余头东方盔蚧个体。田间寄生蜂的寄生率一般可达 10%。

（四）防治方法

（1）杜绝虫源。注意不要采用带虫接穗，苗木和接穗出苗圃要及时采取处理措施。果园附近防风林，不要栽植刺槐等寄主林木。

（2）冬季清园。在葡萄埋土防寒前，清除枝蔓上的老粗皮，减少越冬虫口基数。春季发芽前喷 3~5 波美度石硫剂或 3%~5% 柴油乳剂，消灭越冬若虫。

（3）保护和利用天敌。少用或避免使用广谱性农药，以减少对黑缘红瓢虫等天敌的杀伤。

（4）生长季药剂防治。要抓住两个防治关键：一是 4 月上中旬，虫体开始膨大时；二是 5 月下旬至 6 月上旬第 1 代若虫孵化盛期。发生严重果园于 6 月下旬加施一次。常用药剂：吡虫啉、啶虫胕、杀扑磷、苯氧威、吡蚜酮、毒死蜱等喷雾防治。喷药时加入渗透剂，可提高防治效果。

二、粉蚧类

据资料记载，为害葡萄的粉蚧类有四种：葡萄粉蚧（Grape meal-bug）（*Pseudococcus maritimus*）、康氏粉蚧（Comestock mealybug）（*Pseudococcus comstocki*）、暗色粉蚧（Obscure mealbug）（*Pseudococcus viburni*）、长尾粉蚧（Longtailed mealybug）（*Pseudococcus longispinus*）。国家葡萄产业技术体系病虫害防控研究室正在对来自全国采集到的标本进行鉴定。以康氏粉蚧、葡萄粉蚧为例，介绍粉蚧类害虫。

康氏粉蚧 *Pseudococcus Comstocki*（Kuwana）康氏粉蚧属同翅目，粉蚧科，又名梨粉蚧。食性很杂，除为害葡萄外，还为害苹果、梨、山楂、桃、李、杏、樱桃、梅、板栗、核桃、柿、枣等多种果树及桑、杨、柳及蔬菜等多种植物。

（一）分布与为害

国内分布于吉林、辽宁、河北、北京、河南、山东、山西、四川等省、直辖市。以雌成虫和若虫刺吸嫩芽、嫩叶、果实、枝干的汁液。嫩枝受害后，被害处肿胀，严重时造成树皮纵裂而枯死。果实被害时，造成组织坏死，出现大小不同的褪色斑点、黑点或黑斑，为害处该虫所产白色棉絮状蜡粉等污染果实；排泄蜜露到果实、叶片、枝条上，造成污染，湿度大时蜜露上产生杂菌污染，形成煤污病；有煤污病的果实彻底失去食用和利用价值。粉蚧对葡萄造成的伤害不是特别严重，但危害和损失巨大（彩图9-3-3、彩图9-3-4）。

（二）形态特征

成虫：雌成虫体长约5毫米，宽约3毫米，椭圆形，淡粉红色，被较厚的白色蜡粉。体缘具17对白色蜡刺，蜡丝基部粗向端渐细，体前端的蜡丝较短，向后渐长，最后1对最长，与体长接近。眼半球形，触角8节，足较发达疏生刚毛。雄成虫体长约1.1

毫米，翅展 2 毫米左右，紫褐色，触角和胸背中央色淡，单眼紫褐色，前翅发达透明，后翅退化为平衡棒。尾毛较长。（彩图 9-3-5）

卵：椭圆形，长 0.3~0.4 毫米，浅橙黄色，附有白色蜡粉，产于白色絮状卵囊内。

若虫：雌 3 龄，雄 2 龄，1 龄椭圆形，长约 0.5 毫米，淡黄色，眼近半球形，紫褐色，体表两侧布满纤毛；2 龄体长约 1 毫米，被白色蜡粉，体缘出现蜡刺；3 龄体长约 1.7 毫米，与雌成虫相似。

雄蛹：长约 1.2 毫米，淡紫褐色，裸蛹。茧体长 2.0~2.5 毫米，长椭圆形，白色絮状。

（三）生活史与习性

康氏粉蚧 1 年发生 3 代，主要以卵在树体各种缝隙及树干基部附近土石缝处越冬，翌春葡萄发芽时，越冬卵孵化，爬到枝叶等幼嫩部位为害。第 1 代若虫盛发期为 5 月中、下旬，第 2 代为 7 月中、下旬，第 3 代为 8 月下旬。该虫第 1 代为害枝干，第 2、第 3 代以为害果实为主。

若虫发育期雌虫为 35~50 天，蜕皮 3 次即为雌成虫，雄虫为 25~37 天，蜕皮 2 次后化蛹，雄成虫羽化的时期，正值雌虫蜕第 3 次皮而为雌成虫，雌雄交尾。交尾后雄虫死亡，雌虫取食一段时间爬到枝干粗皮裂缝间、树叶下、枝杈处、果实上分泌卵囊，而后将卵产于卵囊内。每雌虫产卵 200~400 粒，以末代卵越冬。康氏粉蚧喜在阴暗处活动，套袋内是其繁殖为害的最佳场所，因此，套袋果园，树冠郁闭、光照差的果园发生较重。

（四）防治方法

（1）冬春防治。果实采收后及时处理果园，将虫果、旧纸袋、落叶等集中烧毁或深埋。葡萄埋土防寒前（或出土上架时），清除枝蔓上的老粗皮，减少越冬虫口基数。春季发芽前喷 3~5 波美度石硫合剂或 3%~5%柴油乳剂，消灭越冬卵和若虫。

（2）生长季防治。生长期应抓住各代若虫孵化盛期，花序分离到开花前是防治第 1 代康氏粉蚧的关键时期，这是最重要的一次防治，因此要根据虫口密度适时用药 1~2 次。套袋前的防治非常重要；套袋后，康氏粉蚧有向袋内转移为害特点，所以套袋后 3~5 天是防治该虫的第 3 个最佳时期。药剂种类和用法同东方盔蚧。

（3）土壤处理防治。在卵孵化期，根际施药，包括颗粒剂、片剂或药液土壤泼浇等。药剂一般使用具有内吸性的，如吡虫啉等。

第四节　葡萄叶蝉类

叶蝉是葡萄上的重要害虫，国内各葡萄产区普遍发生。为害葡萄的叶蝉主要有两种，即葡萄斑叶蝉 *Erythroneura apicalis*（Nawa）（又名葡萄二星叶蝉或葡萄二点叶蝉）和葡萄二黄斑叶蝉 *Erythroneura* sp.。属同翅目，叶蝉科。两种叶蝉在葡萄上常混合发生，除为害葡萄外，还为害桃、梨、苹果、樱桃、山楂等果树。

一、分布与为害

葡萄斑叶蝉和葡萄二黄斑叶蝉主要分布在我国辽宁、北京、河北、山东、河南、湖北、安徽、江苏、浙江、陕西、甘肃、新疆等葡萄产区，尤其是管理粗放的果园发生严重。

两种叶蝉在葡萄的整个生长期都能为害，以成、若虫群集于叶片背面刺吸汁液为害。一般喜在郁闭处活动取食，故为害时先从枝蔓中下部老叶和内膛开始逐渐向上部和外围蔓延。叶片受害后，正面呈现密集的白色失绿斑点，严重时叶片苍白、焦枯，严重影响叶片的光合作用、枝条的生长和花芽分化，造成葡萄早期落叶，树势衰退。所排出的虫粪污染叶片和果实，造成黑褐色粪斑，影响当年以至第 2 年果实的质量和产量。

二、形态特征

（一）葡萄斑叶蝉

卵：初为乳白色，后变为黄白色，长椭圆形，稍弯曲，长约0.6毫米。

若虫：体形似成虫，初为乳白色；老熟时黄白色，体长约2.0毫米（彩图9-4-1）。

成虫：体长至翅端3.0~4.0毫米，体淡黄白色。头顶有2个明显的圆形黑色斑点，复眼黑色。前胸背板前缘有3个小黑点。小盾片前缘左右各有近三角形的黑色斑纹1个。前翅半透明，黄白色，有不规则的淡褐色斑纹。

（二）葡萄二黄斑叶蝉

卵：和葡萄斑叶蝉卵相似。

若虫：末龄若虫体长约1.6毫米，紫红色，触角、足体节间、背中浅淡黄白色。体略短宽，腹末几节向上方翘起。

成虫：体长至翅端约3.0毫米。头顶前缘有2个黑褐色斑点，复眼黑或暗褐色。前胸背板中央具暗色纵纹，前缘有3个黑褐色小斑点。小盾片淡黄白色，前缘左右各有较大的黑色斑点1个。前翅表面暗褐色，后缘各有近半圆形的黄色斑纹2个，两翅合拢后在体背形成2个近圆形黄斑。成虫颜色有变化，越冬前为红褐色（彩图9-4-2）。

三、生活史与习性

（1）葡萄斑叶蝉。每年发生3~4代，以成虫在葡萄园的落叶、杂草下及附近的树皮缝、石缝、土缝等隐蔽处越冬。在华北地区，翌年成虫于3月中旬至4月上旬开始活动，先在园边发芽早的植物上为害，如苹果、梨、桃等，待葡萄展叶后即开始为害葡萄叶片。越冬成虫于4月中下旬产卵，5月中下旬若虫盛发。第1代成虫期在5月底至6月，第2、第3代成虫分别发生于6月下旬全7月、8

月下旬至 9 月，后期世代重叠，10 月下旬以后成虫陆续开始越冬。

成、若虫多在叶背为害。雌成虫喜欢在成熟未老化的叶片上产卵，卵多产于叶背的叶脉上。在早晨、傍晚温度较低时，多潜藏于叶背面不活动，但中午阳光强烈时隐伏于叶背面避光处，活动取食高峰为 7：00—9：00 和 18：00—20：00。成虫趋光性强，善飞蹦，受惊扰后即飞往他处。若虫受惊，则迅速爬行。

（2）葡萄二黄斑叶蝉。生活史及习性和葡萄斑叶蝉相似。

四、发生与环境

（一）气候

冬季气温偏暖对其越冬存活较为有利，春季开春早，气温回升快，夏季高温、干旱，极利于该虫繁殖。但葡萄园环境过于干旱，或植株叶片老化，可促使其迁飞扩散，种群数量下降。

（二）寄主

葡萄园内或周围种植杏树、桑树、杨树、榆树等，对其越冬及早春及时补充养分提供了有利条件，有利其种群发生。不同葡萄品种其发生为害程度也不同，一般叶片绒毛多的葡萄品种受害较轻，绒毛少的品种则受害重。

（三）栽培管理

该虫喜欢隐蔽的环境，一般通风透光差，修剪不好的葡萄园叶蝉为害较重。据调查，通风透光好的葡萄园百叶虫量最高为 616 头，通风透光差的葡萄园百叶虫量最高可达 2 390 头。园内管理粗放，园内杂草丛生，有利其越冬及早春养分补充，为害严重。

（四）天敌

生长期有多种捕食性天敌，捕食能力强的主要为蜘蛛类，如丁纹豹蛛对葡萄斑叶蝉的日平均捕食量达 5~7 头。寄生性螨对葡萄斑叶蝉 1、2 龄的低龄若虫致死性较强。生长后期斑叶蝉卵常被寄生蜂寄生，寄生率可高达 60% 以上。

五、防治方法

(一) 农业防治

(1) 避免果园郁闭。合理修剪，改善架面通风透光条件及合理负载。生长期及时除萌、抹芽和打副梢，减少下部叶片，使葡萄枝叶分布均匀，通风透光，可减少叶蝉发生为害。

(2) 树种合理布局。果园内部和周围不种桃、梨、苹果、樱桃、山楂等果树及桑树、杨树、榆树等林木，以减少生长季节和越冬期的中间寄主。

(3) 清洁田园。生长期及时清除杂草，创造不利于其发生的生态条件。秋后彻底清除田间地头落叶和杂草，集中烧毁或深埋，消灭其越冬场所，能显著减少虫害基数。

(二) 物理防治

该虫对黄色有趋性，可设置黄板诱杀。方法：20～24厘米佳多黄板，用专用粘虫胶涂均匀，按20～30块/亩置于葡萄架上。当葡萄斑叶蝉粘满板面时，需要及时重涂。目前有两种粘虫胶，一种10天左右需要重涂一次，另一种为30天左右重涂一次（适合刮风较少的地方和温室等地使用）。

(三) 化学防治

(1) 防治时期。防治葡萄斑叶蝉全年要抓住两个关键时期，即发芽后，是越冬代成虫防治关键期；开花前后是第1代若虫防治关键期。另外，幼果期根据虫口密度使用药剂，落叶前1个半月左右注意防控越冬成虫。

(2) 防治用药。可选用噻虫嗪、吡虫啉、多杀菌素、甲氰菊酯、溴氰菊酯、高效氯氰菊酯、辛硫磷等药剂喷雾。要注意喷雾均匀、周到、全面；同时注意喷防葡萄园的杂草及周围的林带、杂草。

第五节　葡萄虎天牛

葡萄虎天牛（*Xylotrechus pyrrhoderus* Bates），属鞘翅目，天牛科。又名葡萄天牛、葡萄枝天牛。它是蛀食葡萄枝蔓的主要害虫之一。

一、分布与为害

葡萄虎天牛在我国东北、华北、华中及陕西、湖北、四川等葡萄产区均有发生。主要以幼虫为害枝蔓，初龄幼虫先在表皮下纵行蛀食，被害枝蔓的表皮稍隆起变黑，虫粪排于隧道内，不排出，所以不易被发现。幼虫蛀入木质部后，常将枝横向切断，造成枝条枯死，遇风容易折断，严重时造成一定的经济损失（彩图9-5-1）。

二、形态特征

成虫：体长约15毫米，体近圆筒形，大部黑色，头部有深而粗的刻点，触角短小，11节，仅伸到鞘翅基部。前胸背板、前、中胸腹板和小盾片深红色。前胸背板球形，长略大于宽，布有颗粒或刻点。小盾片半圆形，后端有少量黄毛。鞘翅黑色，两翅合并时，基部有"X"形黄白色斑纹，近端部有一黄白色横纹，端缘平直，外缘角极尖锐呈刺状。后胸腹板和第1、第2腹节后缘有黄色白绒毛，形成3条黄白色横纹。雄虫后足腿节长超过腹部末端，雌虫的短，仅至腹部末端（很少超过）（彩图9-5-2）。

卵：椭圆形，长约1毫米，乳白色。

幼虫：体长13~17毫米，淡黄白色，头小，无足。前胸宽大、淡褐色，后缘有"山"字形细凹纹；中胸至第8腹节背、腹面具肉状突起。

蛹：长约15毫米，初淡黄白色，后逐渐加深为黄褐色。

三、生活史与习性

每年发生 1 代，以低龄幼虫在葡萄蔓内越冬，翌年春季葡萄发芽后开始活动，随龄期增大，可把枝条蛀空，使其充满虫粪、木屑，有时将枝条横向蛀断，使枝枯死，枝头脱落。7 月间幼虫老熟在接近断口处化蛹，蛹期 10~15 天。8 月羽化出现成虫，并产卵于芽鳞缝隙内或芽腋、叶腋缝隙处，卵散产，经 5~6 天孵化为幼虫，即由芽部蛀入茎内，粪便排于枝内，故从外部难以发现虫道。落叶后在节的附近，被害处表皮变黑，易于识别。

四、防治方法

（一）人工防治

结合冬季修剪，剪除节附近表皮变黑的虫枝，予以烧毁。春季萌芽期再细心检查，凡枝蔓不萌芽或萌芽后萎缩的，多为虫枝，应及时剪除。生长期随时检查，发现受害枝蔓及时剪除并深埋销毁或用铁丝插入蛀孔内刺杀幼虫。利用成虫迁飞能力弱的特点，人工捕捉成虫，一般可在 8、9 月早晨露水未干前进行捕捉，效果好。

（二）药剂防治

在 8 月成虫羽化期，利用其补充营养习性，可用敌敌畏、辛硫磷等喷雾。幼虫蛀入枝蔓后，在葡萄采收后喷施内吸性杀虫剂，或80%的敌敌畏乳油 100 倍液注射蛀孔并严密封堵。

第六节　葡萄蓟马

葡萄蓟马（*Thrips tabaci* Lindeman），属缨翅目，蓟马科。又称烟蓟马、葱蓟马、棉蓟马。

一、分布与为害

在我国各葡萄产区均有分布。寄主广泛，除为害葡萄外还为害苹果、李、梅、柑橘、草莓、菠萝、烟草等多种植物。

若虫和成虫锉吸葡萄幼果、嫩叶、枝蔓和新梢的汁液。幼果受害初期，果面上形成纵向的黑斑，使整穗果粒呈黑色。后期果面形成纵向木栓化褐色锈斑，严重时会引起裂果，降低果实的商品价值。叶片受害后先出现褪绿黄斑，后变小，发生卷曲，甚至干枯，有时还出现穿孔（彩图9-6-1）。

二、形态特征

成虫：体长0.8~1.5毫米，淡黄色至深褐色，体光滑，复眼紫红色，单眼3个，其后两侧有一对短鬃。两对翅狭长，透明，前翅前缘有一排细鬃毛，前脉上有10~13根细鬃毛，后脉有14~17根细鬃毛。腹部第2~第8节背片前缘有一黑色横纹。触角6~9节，略呈珍珠状。卵：长约0.3毫米，淡黄色，似肾形。若虫：体长0.6~1.0毫米，初为白色透明，后为浅黄色至深黄色，与成虫相似（彩图9-6-2）。

三、生活史与习性

一年发生6~10代，多以成虫和若虫在葡萄、杂草和死株上越冬，少数以蛹在土中越冬。来年，葱、蒜返青开始恢复活动，为害一段时间后，便飞到果树、棉等作物上为害繁殖。在葡萄初花期开始发现有蓟马为害幼果的症状，6月下旬至7月上旬，在副梢二次花序上发现有若虫和成虫为害。7—8月间，几种虫态同时为害花蕾和幼果。至9月份虫口逐渐减少。10月早霜来临之前，大量蓟马迁往果园附近的葱、蒜、白菜、萝卜等蔬菜上进行为害。

四、防治方法

农业防治：清理葡萄园杂草，烧毁枯枝落叶，保持园内整洁。初秋和早春集中消灭在葱、蒜上为害的蓟马，以减少虫源。

化学防治：蓟马为害严重的葡萄园需要药剂防治，喷药的关键时期应在开花前 1~2 天或初花期。可使用的药剂有吡虫啉、功夫等药剂。

生物防治：保护、利用小花蝽、姬猎蝽等天敌，对蓟马发生有一定的控制作用。

第十章　葡萄综合性病害——葡萄酸腐病

葡萄酸腐病由多种因子、多种病原引起或造成的。

葡萄酸腐病近十年在我国逐渐成为重要的病害之一，很多人把酸腐病与炭疽病或白腐病相混淆，使用防治炭疽病或白腐病的药剂，不但没有防治效果，照样造成果实的腐烂，而且增加了成本，威胁食品安全（容易造成农药残留超标）。根据有关资料，并依据作者近 8 年的实际监测和试验，详细介绍葡萄酸腐病，为葡萄种植者正确防治提供参考，供同行商榷和批评指正。

1999 年，在山东省烟台市，作者首次在国内见到酸腐病，并开始收集资料。当时，由于对酸腐病比较陌生，没有足够重视。2000 年，开始对葡萄酸腐病进行调查，发现酸腐病在我国的北京、河北、山东、河南、天津等地普遍发生，有些葡萄园损失非常大，达到80%。2004 年有几个葡萄园全军覆没。我们对品种间的发病差异情况进行了调查，发现品种间对酸腐病的抗病性有较大差异。

一、症状

酸腐病是后期病害，基本上是果实成熟期的病害。为害最早的时期，是在封穗期之后。酸腐病的症状可以概括为以下几方面。

有烂果，即发现有腐烂的果粒；套袋葡萄，如果在果袋的下方有一片深色湿润（习惯称为"尿袋"），就表明该果穗上有酸腐病；有类似于粉红色的小蝇子（醋蝇，长 4 毫米左右）出现在烂果穗周围；有醋酸味；正在腐烂的果粒，在烂果内，可以见到灰白色的小蛆；果粒腐烂后，腐烂的汁液流出，会造成汁液经过的地方

（果实、果梗、穗轴等）腐烂；果粒腐烂后干枯，干枯的果粒只是果实的果皮和种子（彩图 10-1-1 至彩图 10-1-4）。

二、为害

果实腐烂、降低产量；果实腐烂造成汁液流失，造成无病果粒的含糖量降低；鲜食葡萄受害到一定程度，即使是无病果粒，也不能食用；酿酒葡萄受酸腐病为害后，汁液外流会造成霉菌滋生，干物质含量增高（受害果粒腐烂后，只留下果皮和种子并干枯），使葡萄失去酿酒价值。

三、发病条件

首先是有伤口，机械伤（如冰雹、风、蜂、鸟等造成的伤口）或病害（如白粉病、裂果等）造成的伤口；第二是导致果穗周围和果穗内的高湿度；第三，醋蝇的存在。此外，树势弱会加重酸腐病的发生和为害。

四、发病规律

酸腐病是真菌、细菌和醋蝇联合为害。严格讲，酸腐并不是真正的一次性侵染病害，应属于二次侵染病害。首先是由于伤口的存在，从而成为真菌和细菌的存活和繁殖的初始因素，并且引诱醋蝇来产卵。醋蝇在爬行、产卵的过程中传播细菌。

引起酸腐病的真菌是酵母菌。空气中酵母菌普遍存在，并且它的存在被看作对环境非常有益。所以，发生酸腐病的菌源之一"酵母菌"来源不是问题。

引起酸腐病的另一病原菌是醋酸菌。酵母把糖转化为乙醇，醋酸细菌把乙醇氧化为乙酸；乙酸的气味引诱醋蝇，醋蝇、蛆在取食过程中接触细菌，在醋蝇和蛆的体内和体外都有细菌存在，从而成为病原细菌的携带者和传播者。

醋蝇是酸腐病的传病介体。传播途径包括：外部（表皮）传播，即爬行、产卵过程中传播细菌；内部传播，病菌经过肠道后照样能成活，使醋蝇幼虫取食等活动，具有很强的传播病害的能力。醋蝇属于果蝇属昆虫，据报道，世界上有 1 000 种醋蝇，其中法国有 30 种，是酸腐病的传播介体。一头雌蝇一天产 20 粒卵（每头可以产 400~900 粒卵）；一粒卵在 24 小时内就能孵化；蛆 3 天可以变成新一代成虫；由于繁殖速度快，醋蝇对杀虫剂产生抗性的能力非常强，一般一种农药连续使用 12 个月就会产生很强的抗药性。

在我国，作为酸腐病介体醋蝇的种类及它们的生活史还不明确。从国外有关资料上看，首先有伤口，而后醋蝇在伤口处产卵并同时传播细菌，醋蝇卵孵化、幼虫取食同时造成腐烂，之后醋蝇指数性增长，引起病害的流行。

品种间的发病差异比较大，说明品种对病害的抗性有明显的差异。美人指受害最为严重，其次为里扎马特、酿酒葡萄（如赤霞珠）、无核白（新疆）、白牛奶（张家口的怀来、涿鹿、宣化）等发生比较严重，红地球、龙眼、粉红亚都蜜等较抗病。不管品种如何，为害严重的果园，损失在 30%~80%，甚至全军覆没。

品种的混合栽植，尤其是不同成熟期的品种混合种植，能增加酸腐病的发生。据作者观测和分析：酸腐病是成熟期病害，早熟品种的成熟和发病，为晚熟品种醋蝇数量的积累和两种病原菌的菌势创造了条件，从而导致晚熟品种酸腐病的大发生。

五、防治方法

防治原则：以防病为主，病虫兼治。药剂的筛选原则：①同时能防治真菌、细菌。②能与杀虫剂混合使用。③因为酸腐病是后期病害，必须选择能保证食品安全的药剂。具体防治措施和方法如下。

（一）栽培措施

尽量避免在同一果园种植不同成熟期的品种；增加果园的通透性（合理密植、合理叶幕系数等）；合理使用或不使用激素类药物，避免果皮伤害和裂果；避免果穗过紧，造成果粒挤压破裂；合理施用肥料，尤其避免过量使用氮肥；合适的水分管理，避免水分的供应不平衡造成裂果等。

（二）化学防治措施

早期防治白粉病等病害，减少病害裂果造成的伤口；幼果期使用安全性好的农药，避免果皮过紧或果皮伤害；防控鸟害对果实的伤害等。这些防治措施对酸腐病的防治有积极的意义。

成熟期的药剂防治是防治酸腐病的最为重要途径。根据国外的资料和我们近几年的农药筛选，将80%水胆矾石膏WP和杀虫剂配合使用，是目前化学防治酸腐病的推荐办法。转色期前后使用1~3次80%水胆矾石膏WP，10~15天一次。80%水胆矾石膏WP使用400倍液，使用量一般为400~600克制剂/亩（如果注意重点喷洒穗部，200克/亩可以有效控制酸腐病）。杀虫剂的选择：选择低毒、低残留、分解快的杀虫剂，这种杀虫剂要能与水胆矾石膏混合使用，并且1种杀虫剂（化合物）只能使用1次。可以使用的杀虫剂有10%高效氯氰乳油（3 000倍液）、50%辛硫磷（1 000倍液）、80%或90%敌百虫1 000倍液等。

发现酸腐病要立即进行紧急处理：剪除病果粒，用80%水胆矾石膏WP 400倍液+10%高效氯氰2 000倍液涮病果穗。对于套袋葡萄，处理果穗后套新袋，而后整体果园施用（立即喷）一次触杀性杀菌剂。

美国加利福尼亚大学农学院1984年编写出版的《葡萄病虫害综合防治》一书中，就介绍了酸腐病（sour rot），被划分到次生或二次侵染病害，属于穗部病害（bunch rot）。法国有关资料称酸腐病为acid rot，近十几年在法国已成为重要病虫害之一，如果防治不力，可造成30%~80%的损失。在我国，葡萄酸腐病有进一步发展的趋势，希望引起广大葡萄种植者高度重视。

第十一章 葡萄生理性病害

第一节 葡萄缺素症

一、氮缺素症

氮是保证葡萄正常生长结果最主要的元素之一，是原生质和酶的必要成分。氮能调节生长及结实，当其他的任何一种元素缺乏时也不会和缺氮一样很快地引起生长的停止，任何一种元素作为肥料施入土壤时也不能像氮一样迅速而明显地起作用，甚至其他元素过量地施入，也不能和氮一样表现出相反的效果。因此，氮肥管理是葡萄施肥管理中的重点。

（一）症状及发生特点

氮供应充足时，可以大大促进植株或群体的光合总产量；但若过量施氮，可使叶片生长和发育过速，叶片内的含氮量"稀释"，并增加其他元素相对缺乏的可能性；同时枝叶旺长导致相互遮阴，光合效率下降，且枝叶旺长消耗大量营养，果实成熟期推迟、果实着色差、风味淡，不利于养分积累等，产生众多副作用。

氮素缺乏常表现植株生长受阻、叶片失绿黄化、叶柄和穗轴呈粉红色或红色等，氮在植物体内移动性强，可从老龄组织中转移至幼嫩组织中，因此，老叶通常相对于幼叶会较早表现出缺素症状。

（二）防治措施

在增施有机肥提高土壤肥力的基础上，葡萄生产上一般可在三个时期补充氮素化肥，即萌芽期、末花期后、果实采收后，每亩施尿素 30~40 千克或相当氮素含量的其他氮素化肥。

二、磷缺素症

磷元素参与生物基本代谢与合成，在能量代谢、促进碳水化合物的运转及遗传方面起重要作用。磷元素以磷酸根离子形式供植物吸收利用，有单价磷酸根离子（$H_2PO_4^-$）和二价磷酸根离子（HPO_4^{2-}），土壤中磷酸根离子态受土壤 pH 值影响，当 pH 值小于 7 时，呈 $H_2PO_4^-$ 态，为主要吸收态，pH 值大于 7 时呈 HPO_4^{2-} 态，易被吸附固定成不被植物利用状态，为缺素症发生的主要因素之一。改良土壤可使被吸附固定的磷重新被释放而被植物利用。磷在植物体内移动性良好，可再利用。

（一）症状及发生特点

葡萄植株缺乏磷元素时表现叶片较小、叶色暗绿、花序小、果粒小、果实小、单果重小、产量低、果实成熟期推迟等，一般对生殖生长的影响早于营养生长（彩图 11-1-1）。

（二）防治措施

葡萄磷元素的补充仍以土壤施入为主，在增施有机肥的基础上，宜在花期前后和果实采收后施入适当化肥，可选用磷酸铵、磷酸二氢钾或含磷的果树专用肥料等。每亩施过磷酸钙 10~15 千克或相当磷素的其他磷肥。

三、钾缺素症

钾与碳水化合物的形成、积累和运转有关，可提高果实含糖量、降低含酸量，促进芳香物质和色素的形成，有利浆果成熟，同时对细胞壁加厚和提高细胞液浓度有良好的作用，从而促进枝蔓成熟，加强养分的贮藏和积累，提高抗病力和抗寒性。钾还对葡萄花芽的分化、根系发育有促进作用。钾在植物体内移动性良好，可再利用。

（一） 症状及发生特点

葡萄有"钾质植物"之称，在生长结实过程中对钾的需求量相对较大，缺钾时，常引起碳水化合物和氮代谢紊乱，蛋白质合成受阻，植株抗病力降低；枝条中部叶片表现扭曲，以后叶缘和叶脉间失绿变干，并逐渐由边缘向中间焦枯，叶子变脆容易脱落；果实小、着色不良，成熟前容易落果，产量低、品质差。钾过量时可阻碍钙、镁、氮的吸收，果实易得生理病害（彩图 11-1-2）。

（二） 防治措施

葡萄钾元素的补充以土壤施入为主，在增施有机肥的基础上，宜在花期前后和果实采收后施入适当化肥，可选用硫酸钾或含钾的果树专用肥料等。每亩施入 20 千克硫酸钾或相当钾素量的其他钾肥。

四、钙缺素症

钙元素参与细胞壁形成、调节光合作用，是一些酶的激活剂，具有重要的生理功能。

（一） 症状及发生特点

钙在植物体内移动性差，缺钙时新梢嫩叶上形成褪绿斑，叶尖及叶缘向下卷曲，几天后褪绿部分变成暗褐色，并形成枯斑。缺钙可使浆果硬度下降，贮藏性变差等。

葡萄缺钙常发生在酸度较高的土壤上，同时过多的钾、氮、镁供应也可以使植株出现缺钙症状。葡萄根系对钙的吸收主要集中在花期到转色期，吸收量占全年总量的 60%。

（二） 防治措施

可增施有机肥，调节土壤 pH 值，土壤施入硝酸钙或氧化钙，控制钾肥施入量，调节葡萄树体钾/钙比例。根据叶柄营养分析，使钾/钙比在 1.2~1.5 为宜，如果高于此值，减少钾或增加钙。钙也可通过叶面喷肥加以补充，缺钙严重的果园，一般可于葡萄生长前期、幼果膨大期和采前 1 个月叶面喷布钙肥，如硝酸钙、氯化钙等，浓度以 0.5% 为宜。钙在葡萄体内移动性差，因此，以少量多次喷布效果为佳。

五、硼缺素症

硼能促进葡萄花粉管的萌发和生长，促进授粉受精，提高坐果率，减少无籽小果比率，提高产量，促进芳香物质的形成，提高含糖量，改善浆果品质。同时，硼可以促进新梢和花序的生长，使新梢成熟良好。

（一）症状及发生特点

葡萄缺硼时可抑制根尖和茎尖细胞分裂，生长受阻，表现为植株矮小，枝蔓节间变短，副梢生长弱；叶片小、增厚、发脆、皱缩、向外弯曲，叶缘出现失绿黄斑，叶柄短、粗。根短、粗，肿胀并形成结，可出现纵裂。硼元素对花粉管伸长具有重要作用，缺乏时可导致开花时花冠不脱落或落花严重，花序干缩、枯萎，坐果率低，无种子的小粒果实增加（彩图 11-1-3）。

硼的吸收与灌溉有关，干旱条件下不利于硼的吸收，另一方面，雨水过多或灌溉过量易造成硼离子淋失，尤其是对于沙滩地葡萄园，由此造成的缺硼现象较为严重。

（二）防治措施

硼缺素症的防治可在增施有机肥、改善土壤结构、注意适时适量灌水的基础上，在花前 1 周进行叶面喷硼，可喷 21% 保倍硼2 000倍液或 0.3% 硼酸（或硼砂）等，在幼果期可以增喷一次。在秋季叶面喷硼效果更佳，一是可以增加芽中硼元素含量，有利于消除早春缺硼症状，二是此时叶片耐性较强，可以适当增加喷施浓度而不易发生药害。在叶面喷肥的同时应注意土壤施硼，缺硼土壤施硼宜在秋季每年适量进行，每亩每年施入硼砂 500 克，效果好于间隔几年一次大量施入。土壤施入硼时应注意均匀，以防局部过量而导致不良效果。

六、锌缺素症

锌元素参与多种酶促反应和植物激素的合成，尤其是与植物生长素和叶绿素的形成有关。

（一）症状及发生特点

缺锌时植株生长异常，新梢顶部叶片狭小，呈小叶状，枝条纤细，节间短。叶片叶绿素含量低，叶脉间失绿黄化，呈花叶状。果粒发育不整齐，无籽小果多，果穗大小粒现象严重，果实产量、品质下降。锌在土壤中移动性很差，在植物体内，当锌充足时，可以从老组织向新组织移动，但当锌缺乏时，则很难移动（彩图 11-1-4、彩图 11-1-5）。

葡萄树栽植在沙质土壤、高 pH 值土壤、含磷元素较多的土壤上，易发生缺锌现象。

（二）防治措施

防治缺锌症可从增施有机肥等措施做起，补充树体锌元素最好的方法是叶面喷施。茎尖分析结果表明，补充锌的效果仅可持续 20 天，因此锌应用的最佳时期为盛花期前 2 周到坐果期。可应用锌钙氨基酸、硫酸锌等。另外，在剪口上涂抹 150 克/升硫酸锌溶液对缺锌株可以起到增加果穗重、增强新梢生长势和提高叶柄中锌元素水平的作用。落叶前使用锌肥，可以增加锌营养的贮藏，对于解决锌缺乏问题非常重要和显著；落叶前补锌，开始成为重要的补锌形式。

七、铁缺素症

铁元素是植物许多蛋白和酶的组成成分，参与光合作用和呼吸作用，是植物叶绿素的重要组成物质，同时参与体内一系列代谢活动。

（一）症状及发生特点

铁在植物体内不易移动，葡萄缺铁时首先表现的症状是幼叶失绿，叶片除叶脉保持绿色外，叶面黄化甚至白化，光合效率差，进一步出现新梢生长弱，花序黄化，花蕾脱落，坐果率低（彩图11-1-6）。

葡萄缺铁常发生在冷湿条件下，此时铁离子在土壤中的移动性很差，不利于根系吸收。同时铁缺乏还常与土壤较高 pH 值有关，在此条件下铁离子常呈不为植物所利用形态。

（二）防治措施

克服铁缺素症的措施应从土壤改良着手，增施有机肥，防止土壤盐碱化和过分黏重，促进土壤中铁转化为植物可利用形态。同时可采用叶面喷肥的方法对铁缺素症进行矫正，可在生长前期每 7～10 天喷一次螯合铁 2 000 倍液或 0.2% 硫酸亚铁溶液。铁缺乏症的矫正通常需要多次进行才能收到良好效果。

第二节　葡萄气灼病（缩果病）

葡萄气灼病，亦称为缩果病，是与特殊气候条件有直接或间接关系的生理性病害，为水分生理失调和高温环境共同作用引起的，属于"生理性水分失调症"之一。气灼病为红地球葡萄常见病害之一，尤其是果实套袋后发生较多；在其他葡萄品种上，气灼病也时有发生，有些年份非常严重。气灼病发生严重时，病穗率可在80%以上，产量损失可达10%～30%。在我国 1998 年的宁夏葡萄产区（贺兰山东麓）、2001 年山西省晋南葡萄产区均发生了大范围的且比较严重的气灼病，损失惨重。

在葡萄生产中，有些地区的果农把气灼病误认做"日烧病"。严格的讲，两者在发生时期、为害症状等方面均存在明显不同，应区别对待。

一、发生时期与症状

气灼病一般发生在幼果期，从落花后 45 天左右，至转色前均可发生，以幼果期至封穗期发生最为严重。首先表现为失水、凹陷、浅褐色小斑点，并迅速扩大为大面积病斑，整个过程基本上在2小时内完成。病斑面积一般占果粒面积的5%~30%，严重时一个果实上会有2~5个病斑，从而导致整个果粒干枯。病斑开始为浅黄褐色，而后颜色略变深并逐渐形成干疤（几个病斑的果实，整粒干枯形成"干果"）。病斑常发生在果粒近果梗的基部或果面的中上部，在果粒的侧面、底部也可发生（彩图11-2-1至彩图11-2-3）。发生部位与阳光直射无关，在叶幕下的背阴部位、果穗的背阴部及套袋果穗上均会发生。如土壤湿度大（水浸泡一段时间后）、遇雨水（在葡萄粒上有水珠）后，若忽然高温，在有水珠的部分易出现气灼病。

二、形成原因与影响因素

气灼病是由于"生理性水分失调"造成的生理病害，与特殊气候、栽培管理条件密切相关。任何影响葡萄水分吸收、加大水分流失和蒸发的气候条件、田间操作，都会引起或加重气灼病的发生。一般情况下，连续阴雨后，土壤含水量长期处于饱和状态，天气转晴后的高温、闷热天气，易导致气灼病发生。这可能是由于根系被水长时间浸泡后功能降低，影响水分吸收；而高温需要蒸腾作用调节体温，需要比较多的水分，植株需水与供水发生矛盾，导致水分生理失调而发生气灼病。

气灼病发生情况在品种间有差异，如红地球、龙眼、白牛奶等品种气灼病相对较易发生。葡萄套袋，尤其是套袋前大量疏果会引起或加重气灼病的发生。土壤通透性差（土壤黏重、长期被水浸泡）、土壤干旱、土壤有机质含量低，会引起或加重气灼病的发生。

三、防治措施

葡萄气灼病的防治，从根本上是保持水分的供求平衡。因此，防治气灼病要从保证根系吸收功能的正常发挥和水分的稳定供应入手。首先要培养健壮、发达的根系，可采用增施有机肥来提高土壤通透性、调整负载量、防治根系和地上部病虫害等措施，有利于根系呼吸和根系功能正常，避免或减轻气灼病。水分的供应，包括土壤水分供应和水分在葡萄体内的输导两个方面。在易发生气灼病的时期（大幼果期），尤其是套袋前后，要保持充足的水分供应。水分供应一般注意两个问题：第一，土壤不能缺水，缺水后要注意浇水。滴灌是最好的浇水方法，如果大水漫灌，要注意灌溉时间，一般在 18：00 至早晨浇水，避免中午浇水。第二，保持水分。有机质含量丰富、覆盖草或秸秆等，都有利于土壤水分的保持，减少或避免气灼病。另一方面，主蔓、枝条、穗轴、果柄出现问题或病害，会影响水分的输导，引起或加重气灼病的发生。尤其是穗轴、果柄的病害，如霜霉、灰霉、白粉等病害，及镰刀菌、链格孢为害，均影响水分传导。所以，花前花后病虫害的防治，尤其是花序和果穗的病害防治非常重要。从近几年的调查看，病虫害规范防治的葡萄园，可有效避免或减少穗轴、果柄伤害，能减轻或避免气灼病的发生。协调地上部和地下部的平衡关系。如果根系弱，要减少地上部的枝、叶、果的量，保持地上部和地下部的协调一致，会减轻或避免气灼病。

第三节　裂果

一、发生时期与症状表现

　　主要发生在浆果近成熟期，表现为果皮开裂。裂果不仅影响果实的外观，而且会导致外源微生物的侵染，发生腐烂（酸腐病），严重降低果实的商品价值（彩图 11-3-1）。

二、形成原因与影响因素

葡萄裂果一般是由于水分吸收不平衡而导致的果皮破裂，其发生的根本原因是葡萄果实在较长时间的干旱条件下突然大量吸水，引起果实含水量急剧增加，使果实皮层细胞的体积大幅度增加，而果实表皮细胞膨大较慢造成果实内外生长失调而形成裂果。引起葡萄裂果的原因还有果穗的粒间过于紧凑，后期因果实膨大而互相挤压造成裂果；病虫的为害和机械损伤，使果皮受到一定的损害，进而降低了果皮抗内压的能力，从而导致裂果；药害造成的果皮伤害，导致果皮韧性减小等。因此，影响葡萄裂果的主要因素如下。

（1）水分供求平衡问题。尤其是在持续高温久旱的情况下，突遇大雨或大水灌溉，造成土壤和空气湿度急剧变化，使果肉细胞迅速膨大，易造成裂果。

（2）与土壤条件有关。一般在地势低洼、易板结、排水不良、通透性差、易旱易涝的黏土上易裂果；土层厚、土质疏松、通透性好的沙壤土上裂果轻。

（3）与品种有关。一般乍娜、里扎马特、香妃等品种裂果严重，而京亚、红地球等品种不易发生裂果。

（4）与果皮强度有关。果皮强度随着果实成熟急剧下降，同一果粒不同部位降低的幅度不同。如玫瑰露葡萄，果粒密集，接触部位果皮薄，果皮强度降低幅度大；巨峰着色期，果顶部出现小龟裂或从蒂部到果粒中部产生纹状凹陷，这些部位果皮强度低，易裂果。

（5）与某些病虫害有关。白粉病为害后，果皮硬化失去弹性，硬核期后从果顶纵裂。红蜘蛛为害后，果面形成褐色锈斑，多为果蒂纵裂。

（6）与栽培管理有关。一般树势弱、光照差、通风不良及施氮肥过多的果园裂果重。负载量大、叶果比小、着色延迟，易诱发裂果。

(7) 与农药使用有关。幼果期,尤其是落花后的 45 天以内,农药的品种或使用不当,造成果皮伤害,后期容易裂果;喷布乙烯利或赤霉素易造成裂果。

三、防治措施

在易发生裂果的地区首先选择不易裂果的品种;栽培措施中应着重保持果实发育后期水分的供求平衡与水分供应的稳定性,防止土壤水分急剧变化现象的发生;做好花果管理工作,通过疏穗、疏粒控制负载量和果粒着生状况;易裂果品种不使用乙烯利或赤霉素;落花后农药品种的科学选择和使用;加强病虫害防控工作,减少病虫为害导致的裂果现象发生。

第四节 果实大小粒

一、发生时期与症状表现

葡萄成熟的果穗中有时会出现许多小粒果实,多数小粒果实不着色,但也有部分小粒果亦可着色、成熟,一般小粒果实中没有种子,但小粒果没有商品价值(彩图 11-4-1)。果穗中出现较多小粒果的现象称为果实大小粒,它不仅影响果穗整齐度,使外观品质下降,也对产量有较大影响。在果实第一次速长期时,由于部分果实停止生长,果实体积不再增大,从而形成大小粒现象。

二、形成原因与影响因素

葡萄大小粒的形成主要与授粉受精不良和树体营养及生长势有关。良好的授粉受精可使葡萄果实在发育过程中成为生长中心,可调运营养,满足果实的迅速生长发育之需,如授粉受精不良,导致果实发育受阻而形成小果。葡萄前期如果生长势过于旺盛,营养生长过强,营养生长与生殖生长不平衡,花芽分化过程中性细胞分化不良，常加重果实大小粒现象的发生。生产上前期若施氮肥过多、营养元素供应不平衡尤其是锌元素的缺乏、供水过多、修剪不合理等，易导致果实出现大小粒现象。

三、防治措施

合理修剪，调节树势。对新梢摘心时间和强度及副梢处理方式务必考虑品种特性，因品种而异。平衡施肥，控制氮肥施用量，对缺锌植株及时补充锌肥（参见锌肥施用方法）。花前或花期使用硼肥，促进授粉受精。合理灌溉，花前控制水分供应，减少枝梢旺长。及时进行花、穗管理，如修整果穗、掐穗尖、疏果等。

第五节　葡萄药害

葡萄上的药害分两个方面：葡萄园使用的药剂选择不当或使用不当造成的药害；葡萄园周围农田使用药剂，药液飘移造成的药害（彩图 11-5-1 至彩图 11-5-11）。

一、葡萄园使用的药剂选择不当或使用不当造成的药害

（1）代森锰锌。代森锰锌是混配型、安全性比较好的杀菌剂，但原药杂质高或质量不高（悬浮率等）时，容易造成药害。所以，注意选择使用质量比较好的品牌，或在花前及套袋前不使用，在套袋后及采收后使用。使用代森锰锌的混配制剂，代森锰锌原药的质量直接决定混配制剂的质量；如果代森锰锌原药选择不当，其混配产品产生药害的风险增大。

（2）百菌清。在某些品种上有药害，用百菌清混配的制剂存在相同的药害风险。

（3）溴菌腈（炭特灵）。在果皮比较薄的品种上产生药害。

（4）三唑类。所有三唑类杀菌剂在葡萄上使用，几乎都存在药害的风险。最严重的药害是抑制果实、新梢、叶片的生长。其次

是造成叶片的早衰。当然，这类产品差异性很大，有些比较安全。同时，葡萄的品种多，有些药剂对某些品种安全，但对另一些品种就存在比较大的药害风险。比较安全的三唑类农药有苯醚甲环唑、戊唑醇等。

（5）克菌丹（开普敦）。我国在葡萄上很少使用，但国外报道在葡萄果实上使用克菌丹存在严重的药害，请谨慎选择和使用或避开幼果期使用。

（6）硫制剂使用不当会在果实和叶片上存在药害。药害的发生，与产品质量、温度有直接关系：分散性、悬浮率不好，容易造成药害；温度高于30℃，容易产生药害。所以，我国一般在葡萄发芽前后、落叶前等时期使用硫制剂。

（7）退菌特在葡萄上使用不当有药害。

（8）赤霉素使用过量会影响花芽形成，影响第二年的产量和质量。

（9）细胞分裂素。细胞分裂素类的物质往往造成叶片畸形。

（10）其他。国外报道了乙烯菌核利、硫丹、甲基砷酸铁铵钠盐（田安）、百草枯、草甘膦、敌草隆、麦草畏、西玛津等对葡萄的药害。因我国在葡萄园使用比较少，不作介绍。

二、葡萄园周围农田使用药剂，药液飘移造成的药害

由于分田到户，每家葡萄园面积不大，周围被其他人的农田包围；如果其他农田使用药剂（尤其是除草剂），药剂飘移到葡萄园，造成药害。这种情况在东北地区非常严重，已经成为危害葡萄生产的重大问题，造成乡亲、邻里之间的矛盾和对立，不但影响葡萄生产和葡萄质量，还影响社会和谐。

第六节　葡萄贮藏期病害

葡萄采收后，需要经过贮藏运输才能到达消费者手中。鲜食葡

萄贮运期，会受到病害的困扰；发生的病害也有多种，归纳起来有两类：一类是侵染性病害，另一类是生理性病害。

一、贮藏期的侵染性病害

贮藏期的侵染性病害主要由真菌引起，按照病原菌对温度的适应范围，又可分为两类。

（一）对温度适应范围较广的病害

即适于常温、亚常温和较低温度的一类病害，为了便于区别另一类病害，我们给这一类病害起名为低温病害，这类病害发生较多的有以下几种。

1. 葡萄灰霉病

由于灰霉菌在 $-0.5℃$ 仍可生长，因此，它是葡萄低温贮藏中的主要病害，也是鲜食葡萄贮藏中具毁灭性的病害。葡萄对此病的抵抗力很弱，各品种葡萄皆易感染。灰霉病在葡萄种植园的为害也时有发生，易在被侵染部位形成黑色的菌核，这些菌核在干燥或不利的条件下长期存活。菌核在潮湿的条件下则萌发产生大量分生孢子，这些孢子能侵染幼芽、花和浆果。在贮藏期间，目前尚无有效药剂可在防治灰霉病腐烂和总的适用性方面超过 SO_2 的性能和效果。

2. 葡萄青霉病

葡萄青霉病是葡萄贮运期间一种较常见的病害。

（1）病原。青霉属真菌（*Penicillium* spp.），属半知菌亚门，丝孢纲。有几个不同的种，其中指状青霉（*P. digitatum* Sacc.）是较常见的种。在 PDA 培养基上生长茂盛；菌落绒状，暗黄绿色，后变榄灰色，背面无色或淡暗褐色，有特殊的香味，分生孢子梗较短，直径 4~5 微米，帚状枝大而不规则；小梗在不同的高度上形成，尺度为（14~21）微米×（2.8~6.5）微米。

（2）症状。初期病原菌在葡萄上形成 2~8 毫米水浸状圆形凹斑，果面皱缩，果实软化，组织腐烂并有一种霉味。受害的果实，组织稍带褐色，逐渐变软腐烂，果梗和果实表面常长出一层相当厚的霉层。霉层开始出现时呈白色，较稀薄，为病菌的分生孢子梗和分生孢子，当其大量形成时，霉层变为青绿色，较厚实。受害果实均有腐败的气味。在密闭的包装箱里，一旦出现病果，腐烂便会迅速地扩展，造成大量葡萄果实腐烂，甚至全箱腐烂，危害甚为严重。

（3）发病规律。青霉菌是弱寄生性菌，发生侵染的部位通常是因为操作粗放、包装过紧或其他原因造成的果实伤口。病害的扩展主要与湿度有关，在包装箱内湿度高的条件下，病菌侵入果实后，可以很快地繁殖，并扩散到烂果接触的邻近果实上。青霉菌的发生还与葡萄种类、环境温度有关。在鲜食和制干葡萄生产区，如果温度太高，不利于病菌的繁殖和扩散，青霉病就发生的少；对于冷凉地区的酿酒葡萄品种来说，由于葡萄穗上的果粒紧密，较低的温度又有利于病菌的扩展，青霉病一般发生较为严重。

（4）预防措施。参考葡萄灰霉病。青霉菌在低温 $0℃$ 以下生长缓慢。在运输和贮藏期间可用 SO_2 杀死或抑制青霉菌发展。精细采收与贮运，也是防止伤果、防止青霉菌为害所不可忽视的有效措施。

3. 葡萄黑斑病

（1）病原。由真菌引起的病害。主要有多枝孢霉（*Cladosporium herbarum*）、交链孢霉（*Alternaria alternata*）和葡柄霉（*Stemphylium*），是葡萄贮藏后期的重要病害。各品种葡萄都易发生此病，其中以欧洲种葡萄发病为重。

（2）症状。初期发病果实上有不规则近圆形浅褐色斑，表面光滑干燥，后形成黑色或浅绿色霉层；多发生在穗梗、果梗基部及果粒侧面，并使果梗迅速失水、干缩、失绿，易侵入果刷而导致果实落粒。

（3）发病规律。病菌主要由采前经田间侵入，在 $1~2℃$ 的冷库中仍然能发病。枯死的花易被侵染并成为传播源，孢子借空气传播。即使在无雨的条件下，病菌也能直接侵入健康的成熟果实组织，在潮湿条件下，葡萄果实会大量发病。

（4）预防措施。参考葡萄灰霉病、炭疽病的防治。

上述这些病害的特点，在环境温度 0~2℃ 下分生孢子可以萌发，菌丝还可以缓慢生长，低温下危害较大，是长期贮藏防治的对象。

（二）亚常温病害

这类病害的病原菌需在 5℃ 以上的温度，菌丝才能生长并开始为害。随着温度不断升高，为害不断增强，是长途运输期的主要防治对象。常见的这类病害如下。

1. 葡萄黑霉病

（1）病原菌。黑根霉（*Rhizopus nigricans*）。病原菌不能在 -0.5~0℃ 条件下生长。它是在高温运输、存放或土窖贮藏时常出现的病害。常见于马奶、无核白等葡萄早、中熟品种。

（2）症状。发病初期菌丝侵入果实，先出现褐色水浸状斑，后果实流汁、软烂，果皮易脱落，病组织可迅速感染健康组织。发病果实上长出绒毛状灰色黑头菌层，故称黑霉。病菌子实体出现之前，症状类似青霉菌引起的腐烂。

（3）发病规律。黑根霉是一种喜温的弱寄生菌，它主要通过果实表面的伤口侵入，因此，葡萄园管理和采收、包装操作粗放，容易为病菌侵入创造条件，高温高湿的环境条件特别利于病害的发生和发展。病菌生活在土壤或植物残体中，其孢子借空气传播。初侵染多从伤口进入，可迅速传播并侵染邻近的健康果实。

（4）预防措施。参考葡萄灰霉病。降低贮藏温度，防止果实碰伤和用 SO_2 防腐均有明显的防治效果。采后葡萄迅速预冷可大大降低因根霉菌引起的腐烂。

2. 葡萄曲霉腐烂病

（1）病原。引起黑粉病的主要病原菌是黑曲霉（*Aspergillus niger* V. Tieghem），属半知菌亚门，丝孢纲。分生孢子穗灰黑色至炭黑色，圆形至放射状，直径 0.3~1 毫米；分生孢子梗尺度为（200~400）微米×（7~10）微米；顶囊球形或近球形，表面生小梗两层；分生孢子成熟时球形，初光滑，后变粗糙或有细刺，有色物质表面沉积成瘤状、条状或环状，直径 2.5~4 微米；有时产生菌核。

（2）症状。黑粉病的主要特征是烂果表面产生大量的黑粉或紫黑粉状物，这是病菌的分生孢子梗和分生孢子，烂果常有一股潮湿的腐败气味。葡萄成熟时开始发生，到收获时，烂果常剩下一层干壳，用手轻碰整个腐烂的果穗，便会释放出尘埃状的孢子粉末。

（3）发病规律。黑曲霉也是一种喜温好湿的弱寄生菌，21~38℃的高温最有利于黑曲霉的扩展。因而，此病常见于湿热地区。黑曲霉的侵染需要伤口和高湿度。病菌的分生孢子存在于各种基质和空气中，但只有果皮破裂或受损伤才会侵染。

（4）预防措施。葡萄在采收、包装、运输、贮藏过程中，应尽力避免机械伤。为此，应轻拿轻放，防止挤压，避免二次装箱和倒箱。病害防治方法参考葡萄灰霉病。

二、生理病害

鲜食葡萄采后在贮运过程中，由于环境条件不适宜，引起生理代谢失调，发生的病变，均属于生理病害。生理病害按其病变的原因，分以下几种。

（一）SO₂伤害

1. 症状

SO_2是葡萄常用的防腐保鲜剂，使用不当极易使葡萄中毒，果皮出现漂白色，以果蒂与果粒连接处周围的果面或在果皮有裂痕伤处最严重，中毒葡萄粒上产生许多黄白色凹陷的小斑，与健康组织界限清晰；严重时一穗上大多数果粒局部成片褪色，甚至整粒果实呈黄白色，有时整穗葡萄受害。

2. 发病规律

鲜食葡萄冷藏指南的国际标准（ISO 2168—1974）中明确提出，"为了防止真菌繁殖，特别是灰霉菌的繁殖，可使用杀菌剂。目前通常用二氧化硫进行预处理"。但在生产实践中发现，如果二氧化硫使用不当，特别是采用直接注入二氧化硫或点燃硫磺产生二氧化硫熏蒸时，往往因用量不当，二氧化硫与空气混合不均匀等原因，使葡萄褪色或出现异味。伤害程度取决于进入果粒的二氧化硫量。葡萄对二氧化硫忍耐最弱处是浆果与果柄之间的连接处。如果果粒表面有伤口，则二氧化硫也很容易从伤口处进入。一般来讲，果实温度高的葡萄吸收二氧化硫比果实温度低的葡萄快；未成熟的葡萄吸收二氧化硫比成熟的快；薄皮品种比厚皮品种吸收快；果穗松散的比紧密的吸收二氧化硫快。破碎、损伤、潮湿及发霉的葡萄吸收二氧化硫比自然状态良好的葡萄迅速；果蒂部对二氧化硫比果粒更敏感。

研究和生产实践都表明，葡萄不同品种对二氧化硫的耐受性存在较大差异。巨峰、龙眼、玫瑰香、泽香、秋黑等葡萄品种较耐二氧化硫，而红地球、木纳格、马奶等品种对二氧化硫敏感。因此，耐二氧化硫的品种和对二氧化硫敏感的品种，在保鲜剂的使用量和配置方面是不相同的。

以下情况会加速 SO_2 释放而引起漂白和加重 SO_2 对果实的污染：果箱袋内严重结露湿度过大；果箱垛码过紧，果箱间温度差异大，贮藏前期（15 天）果实温度高于 0℃；冷库预冷不达标，冷库温度波动大；药剂投放量偏多或使用粉剂型且释放速度快的药剂；药剂扎眼数多或孔很大；果实质量差，引起裂果和呼吸强度大；果实伤害较多，引起呼吸强度升高。

3. 防治措施

对葡萄采用点燃硫磺产生二氧化硫的方法处理时，应采用低浓度、分次处理的方法。对于不耐二氧化硫的品种，一要使用较低的浓度，并要先做剂量试验，以免造成较大的损失。研究指出，导致葡萄吸收 5~18 毫克/千克的二氧化硫熏蒸处理，足以控制灰霉病的发生，在连续作用条件下，空气中二氧化硫的浓度应保持在 80~300 毫克/千克，这样宽的浓度幅度在实际应用时就应充分考虑，根据不同品种和其他情况灵活掌握。

如果采用亚硫酸盐缓释剂与葡萄一起放入保鲜袋，则果实封袋前对葡萄必须进行良好的预冷处理，必须把果实的温度在尽量短的时间内降到 0℃后（正常年份巨峰葡萄的预冷时间一般不得超过 12 小时，红地球葡萄的预冷时间一般不超过 24 小时），再扎紧袋口。

贮藏期间保持 -1~0℃ 的恒定低温，以保证袋内不结露和出现水汽，就可使二氧化硫的挥发缓慢均匀，减免二氧化硫伤害。必须注意不同的品种对二氧化硫的忍耐性相差很大，绝不能把贮藏巨峰、龙眼等葡萄的保鲜剂用量，用于不耐二氧化硫的红地球等品种上。

根据运输距离决定是否使用保鲜剂；用于贮运的葡萄分别使用运输用保鲜剂和贮藏用保鲜剂，注意药剂种类、品种选择等以控制二次污染；注意 SO_2 型防腐保鲜剂在箱内的均匀摆放与药剂释放量的调控。

总之，不要采摘成熟不良或采前灌水的葡萄用于贮藏；对 SO_2 较敏感的品种如里扎马特、牛奶、粉红葡萄、皇帝、无核白、红地球等，要通过增加预冷时间、降低贮藏温度、控制药剂用量和包装膜扎眼数量或者使用复合保鲜剂，适当减少 SO_2 释放量；减少人为碰伤，一旦果皮破伤或果粒与果蒂间有肉眼看不见的轻微伤痕，都会导致 SO_2 伤害而出现果粒局部漂白现象。另外，挤压伤也会引起褐变，压伤部位呈暗灰色或黑色，并因吸收 SO_2 而被漂白。

（二）裂果

1. 病状

裂果是葡萄贮藏过程中最易发生的生理病害，多在果顶或梗附近发生果皮与果肉破开。

2. 发病原因及条件

粉红葡萄、红马拉加、无核白、乍娜、里扎马特、美国黑大粒等品种易发生裂果。若采前灌水或成熟期多雨，即使果皮较厚的巨峰葡萄，在贮藏期间也会发生裂果，随贮藏期的延长而加重。此病应通过栽培措施加以控制。开裂的果实在贮藏过程中不但自身易腐烂和出现漂白斑点，而且裂果易造成"保鲜剂局部积累过多"，其余部分葡萄果实周围的"药劲不足"。

3. 防治措施

采收前防止裂果，请参考生理性病害。在贮藏过程中要防止裂果，主要办法是：①降雨量大的年份，或者生长前期干旱后期降雨量大的年份应延迟采收并延长预冷时间。②采收前喷布 100 倍 CT 葡萄涂膜剂。③严禁有裂果的葡萄入库贮藏。④防止贮藏过程中保鲜袋内的结露。⑤采收及贮藏过程中要轻拿轻放，防止挤压、颠簸，包装容量不宜过大，应以单位重量 5 千克以下为宜。

（三）早霜冻或冷库冻害

1. 症状

虽然略低于冰点的温度并不伤害果实，但可使果梗变成深绿色，呈水渍状态，贮藏时易受 SO_2 侵害，出现浅褐色腐烂，最后造成果梗干缩变褐。果实受冻时可呈褐色、蔫软，或渗出果汁。冻害还导致霉菌侵染，引起霉变腐烂。

2. 发病原因及条件

北方地区，晚熟、极晚熟品种会受各种因素影响而采收期推迟，常会在晚秋遇到早霜冻。冻害既可能发生在田间，也可能因冷库温度低于葡萄冰点引起冻害。在长城以北地区，极晚熟品种采收期极易遇早霜、轻霜，若持续时间不长，对果穗影响不大；经受重霜或霜冻危害的葡萄则不能用于贮藏。

3. 防治措施

（1）采收期不宜过晚，应在早霜之前采收完毕。

（2）贮藏过程中温度应严格控制在 -0.5℃±0.5℃。

（3）靠近冷风机附近的葡萄应加覆盖物。

（4）及时观察库内的情况，一旦看到葡萄出现冻结情况应及时调控温度，如果冻结时间不很长，通过逐步升温可以缓解。

（四）褐变

1. 症状

葡萄果肉褐变在不同品种上的表现不同，红色品种褐变表现为果实色泽发暗，一些白色品种更易显现，如牛奶、无核白、意大利、白马拉加等欧洲种的脆肉型品种。这类品种在贮藏后期也易出现果肉内部褐变。一般是从维管束开始褐变向果肉扩展。

2. 发病原因及条件

葡萄的褐变由多种因素引起，衰老也是褐变的一种表现，冻害或损伤也能引起果肉褐变。此外灰霉病等病菌的侵染，果实贮藏过程中气体不适也会引起果肉褐变。

3. 防治措施

贮藏期应随时注意观察褐变的初始迹象，并及时出库销售。

（五）其他生理病害

（1）贮藏温度过低，但未达到冰点，引起生理代谢失调，发生果皮、果梗及果穗褐变，属于冷害。

（2）气调贮藏中，过低的 O_2（2%以下），过高的 CO_2（10%以上），产生的低 O_2 和高 CO_2 伤害。

（3）贮藏温度过高，湿度过大，引起的大量脱粒；或采前使用催熟剂，发生脱粒。

三、控制措施

（一）采前因素与采后防病

采前葡萄生育期的气候、栽培管理、病虫害防治、葡萄质量对采后各类微生物病害、生理病害均可产生影响（表11-1）。

表 11-1　采前因素对葡萄贮藏病害的影响

采前不利因素	可能引起的贮藏病害
花前多雨	灰霉病菌侵入、潜伏，贮藏期发病霉烂
果实成熟期多雨	灰霉等病菌侵入、发病，贮藏期裂果、霉烂、SO_2漂白
果实熟期连续干旱	裂果、干梗
果实采前轻霜冻	果梗 SO_2 漂白、霉变黑梗
产量过高或施氮过多	裂果、SO_2 漂白、果穗内部腐烂
花前花序拉长剂过量	干梗
果实熟期使用催熟、催红药	脱粒、裂果
后期感染霜霉病、白腐病、炭疽病	干梗和果实腐烂
采前灌水	裂果、腐烂和 SO_2 漂白

（二）葡萄贮藏病害的综合防治

由于引起葡萄贮藏期果实腐烂的病原主要是一些由伤口侵染的弱寄生菌，其中有些是早期侵入后，由于寄主的抗性较强而潜伏于果实内，待果实成熟时才出现症状，引致腐烂；此外，多数是在高湿度和高温、不通风的贮藏条件下，有利于病害发展。因此，对这类病害的防治，应以做好早期的预防工作为主。

1. 采收前

葡萄园应进行精细管理，通过修剪清除受伤和已发病的果实；使用一定浓度的赤霉素适当疏果，使果穗不要过于紧密，以防成熟前或成熟过程中，由于果粒膨大相互挤压造成果皮伤裂；在刚坐果和果实成熟时，应慎重用水，避免造成太大的田间湿度和在果实表面长时间留下自由水，而给病菌创造有利的侵染条件。此外，田间病虫害的防治，具有决定性作用。

2. 采收时

采收时期过早，果实含糖量低、酸度高，会影响果实的品质和产量，采收过晚，有的品种易出现落粒现象，而且果实过熟往往不

利于贮藏。因此，要根据品种的特性，市场的需要，选择相适宜的
采收期。由于葡萄果实皮薄汁多，采收时，剪、拿、运、送等操作
都要十分细致小心，尽量减少损伤，防止擦去果粉，采收的时间宜
选择晴朗天气露水干后的上午或气温凉爽的傍晚，在露水未干的清
晨、阴雨天，特别是雨后烈日暴晒的情况下不宜采收，不然会降低
品质和不利于贮藏。

3. 采收后

采收后应迅速将果实运送到阴凉处摊开散热，然后进行整修、
分级包装。整修时应将所有病果、虫伤和机械损伤的果实剪除。装
箱后要进行预冷，以消除田间带来的热气，及降低呼吸率，还可以
预防果梗变干、变褐及果粒变软或落粒，利于延长贮存时间。贮藏
前用二氧化硫熏蒸，不但能杀死果实表面各种可能引起果腐的病原
菌，而且可以降低果实呼吸率，减少糖分的消耗，并能较长时间保
持果色和保持果穗梗的新鲜状态。

4. 综合防治

贮藏真菌病虫害防治的主要措施如下。

（1）加强果园田间病害防治。

（2）长期贮藏的葡萄可于采前对果穗喷一次杀菌剂。

（3）采收时认真筛选栽培管理好的无病果园和挑选果穗，剔
除病、虫、伤果。

（4）轻拿、轻放、轻运，防止人为伤果。

（5）迅速降低库温，保持温度稳定。

（6）气调贮藏，选择适合不同品种的保鲜袋。

（7）使用防腐保鲜剂。

（三）采前控制质量与防病的关键措施

采后葡萄产品质量是葡萄贮藏病害防控的生命线。近年来我国
葡萄质量虽有很大的进展，但与贮藏果品的质量要求还有差距。

1. 葡萄标准化栽培方面

（1）整形修剪。葡萄果穗生长期间，可使用生长调节剂调控

或进行整形修剪、疏花疏果，培育出适合的穗形和果粒。一般果穗在 300~500 克，大穗型在 700~800 克。亩产不超过 1 500~2 000千克。

（2）架式改良与机械化利用技术。通过架式以及栽培方式的改良，使得葡萄果实穗形、成熟度等各方面标准统一，既有利于采后葡萄果实外观以及品质质量，又方便机械化操作。

（3）肥料使用技术。果穗生长期间，适量施用氮肥，适期多施有机肥和磷、钾肥。

（4）节水灌溉技术。葡萄采前 10~15 天内停止灌溉，遇雨应推迟采收并及时排水。

（5）病虫害综合防治技术。葡萄采前在田间病虫害的规范化防治，采前应喷 1~2 次食品添加剂级防腐保鲜剂。

（6）植物生长调节剂安全使用技术。适量使用膨大剂和无核剂。严禁使用催熟、催红、催甜等激素。

（7）葡萄栽培生产中，果实套袋管理。可调节果色，减少病虫污染和减少农药使用。

（8）记录葡萄生产档案，建立质量追溯系统。控制葡萄源头的质量是确保物流中鲜食葡萄质量和安全的源头，建立质量可追溯系统，可实施产地标识，即在包装箱上清楚标记生产农户、产品名称、地点、产品标准、等级等，进行质量跟踪，提高安全意识。

2. 采收关键环节

应在早晨露水干后或下午气温凉爽时采收，避免在雾天、雨天、烈日暴晒时采收。同一果园葡萄应多次采收。应选择果穗紧凑、穗形适宜，果粒均匀，且无病虫害的果实采收。人工采收应用圆头剪刀，一手握采果剪，一手提起主梗，贴近母枝处剪下，尽量带较长的主梗。轻采轻放，尽量避免机械伤害。采收同时，对果穗上的伤粒、病粒、虫粒、裂粒、日烧粒等进行剪除，并对果穗进行修整和挑选。落地果、残次果、腐烂果、沾泥果不能用于贮存。对田间经修整和挑选的葡萄，可直接放入贮藏容器或运输容器中，对未经修整和挑选的葡萄可放入采收容器中，运到包装间，进行修整和挑选处理。采收后，果实应放到阴凉处，或尽快运到包装间，避免日晒雨淋。果实随采、随运，采后田间停留不应超过 2 小时，应在 6 小时内进入预冷过程或冷藏环境。

（四）采后保持质量与防病的关键措施

1. 把好入贮质量关

葡萄贮藏保鲜是葡萄生产的继续，提供代谢正常、田间带菌量低、质量好、耐贮藏、抗病强的葡萄入库贮藏，才能为产品长期贮藏获得良好的质量和效益奠定基础。

要选择耐藏的优良品种。葡萄不同品种之间的耐藏性差异很大；一般情况晚熟品种比早熟、中熟品种耐贮藏，中熟品种比早熟品种耐贮藏。龙眼是北方常见的栽培品种，果实柔软多汁，味酸甜，果粉厚，果皮中厚，抗病，耐旱，耐贮运性很强；巨峰是各地主栽品种，果实味甜酸多汁，品质较好，果粒大，抗病力强，耐贮运性中上；玫瑰香属我国最早引入品种，果实含糖量高，味甜，有浓郁的玫瑰香味，鲜食品味极佳，果皮中厚且韧，耐藏性中等；牛奶品种肉质硬脆多汁，味甜无香味，品质上，皮薄，果粉薄，耐藏性中下；其他果皮厚韧，果面和穗轴含蜡质和含糖量高的晚熟优良品种：红提、秋黑、甲斐路、红宝石、红瑞宝耐藏性都较好；一些 7 月、8 月份采收的莎巴珍珠、京亚、87-1、无核白鸡心等早熟品种，耐藏性差。

2. 库房消毒

葡萄贮运设施（包括简易贮藏场所、通风库、机械冷藏库和运输车辆等），是葡萄贮藏病害的主要初侵染源之一，对贮运设施进行清洁和消毒可有效地减少和杀灭贮运设施中的病原微生物，减少贮藏病害的发生。因而，在每次贮运产品前必须对贮运设施进行彻底清扫，地面、货架、塑料箱等应进行清洗，以达到洁净卫生。同时要对贮运设施、贮藏用具等进行消毒杀菌处理，常用的杀菌剂及使用方法如下。

（1）高效库房消毒剂。CT 高效库房消毒剂，为粉末状，具有杀菌谱广，杀菌效力强，对金属器械腐蚀性小等特点。使用时将袋内两小袋粉剂混合均匀，按每立方米 5 克的使用量点燃，密闭熏蒸 4 小时以上。

（2）二氧化氯。该剂为无色无臭的透明液体，对细菌、真菌都有很强的杀灭和抑制作用。市售消毒用二氧化氯的浓度为 2%。

（3）过氧乙酸。是一种无色、透明、具有强烈氧化作用的广谱液体杀菌剂，对真菌、细菌、病毒都有良好的杀灭作用，分解后无残留，但腐蚀性较强。使用方法是，将市售的过氧乙酸消毒剂甲液和乙液混合后，加水配制成 0.5%~0.7%的溶液，按每立方米空间 500 毫升的用量，倒入玻璃或陶瓷器皿中，分多点放置在冷库中，或直接在库内喷洒（注意保护操作人员的皮肤眼睛等，也不能将药液喷洒在金属表面），密闭熏蒸。

（4）高锰酸钾和甲醛的混合液（福尔马林含 40%甲醛，使用时要折算成甲醛）。按 1∶1 的重量比将高锰酸甲加入甲醛液体中，使用量为每百立方米 1 千克，操作时要注意安全，迅速撤离，密闭库房 48 小时以上。此法适用于污染较重的老库。

（5）漂白粉溶液。贮运设施消毒常用 4%的漂白粉溶液喷洒，在葡萄贮藏期间结合加湿，也可喷洒漂白粉溶液。

3. 温度、湿度、气体的控制

在葡萄贮运保鲜过程中，温度、湿度、气体成分的控制与防腐保鲜剂的使用，是保持产品质量和延长贮运期限的四个必不可少的技术措施。葡萄贮藏的适宜低温为 -1~0℃，适宜的低温在葡萄贮运保鲜的所有措施中可占 60%~70%甚至更高的效应，这是因为低温能明显地降低葡萄的呼吸强度，延缓生理代谢过程，减少营养物质的消耗，提高葡萄对病菌侵染的抵抗力；低温对病菌孢子的萌发、生长和致病力有明显的抑制作用。葡萄保鲜的目的，从一个角度来理解，可认为是"保水"，水分散失较多，鲜度就会降低较多，通常当葡萄的水分散失量超过 5%时，就会表现出明显的萎蔫

皱缩，因此，葡萄贮运期间要求较高的相对湿度，一般应保持在
90%~95%。气体调节可延缓葡萄的衰老，特别是葡萄果梗的衰
老，并对病菌孢子的萌发、生长和致病力也有明显的抑制作用，将
CO_2控制在5%~8%尤为重要。葡萄在没有保鲜剂使用的情况下即
使对温度、湿度和气体成分进行严格的控制，在不太长的贮藏期内
其腐烂程度仍然是相当严重的，防腐保鲜剂的使用结合温度、湿度
和气体成分的控制，才能对葡萄进行较长期的贮运保鲜，一般使用
可控释放SO_2的亚硫酸盐作为葡萄的保鲜剂。

（1）冷藏。温度是一切水果和蔬菜贮藏的基础条件，一般说
来，葡萄的最佳贮藏温度为0~10℃。葡萄粒的冰点为-3.7~-
2℃，这种冰点差异主要来自于品种、成熟度以及果实的含糖量。
如晚采的龙眼葡萄，含糖量达到15%以上时，其冰点为-3.5℃，
这种葡萄即使贮藏在-3℃温度下，葡萄粒也不会遭受冻害。但当
温度低于-1℃以下时，便会造成果梗和穗梗不同程度的冻害（果
梗的冰点在-1.1℃，穗梗的冰点在-1.3~1.1℃）。所以，鲜食葡
萄长期贮藏中，温度不宜过低，应在-1~0℃。但温度又不可过高，
当贮藏温度长期在1℃以上时，便会加大病害的危害程度，腐烂率
增高。

这里简单介绍不同处理阶段的温度参数：
①冷藏温度：-1~0℃。
②变温贮藏：-1~10℃（不超过20天）。
③预冷温度：1~3℃（12~18小时）。

不同的品种适于冷藏或变温贮藏均有明显差异，以巨峰和龙眼
两个品种为例，巨峰葡萄极适于冷藏，果实采后立即预冷（1~
3℃），将其贮藏在-1~0℃的条件下，效果较好。而龙眼葡萄则以变
温贮藏效果最佳。鲜食葡萄贮运中的适宜相对湿度为90%~95%。

（2）气调贮藏。应用气调进行鲜食葡萄的保鲜，虽然国外在
生产上并未大量应用，而我国传统的贮藏方法中早已应用。民间采
用的沙（土）埋、糠藏、囤藏以及后来的缸藏，均为气调贮藏的

一种方式。目前，采用 PVC 或 PE 塑料小包装进行冷藏和变温贮藏，也是一种简易气调贮藏技术。试验证明，气调贮藏不但能保持果实水分和熏蒸防腐，更重要的是改变贮藏环境中的气体成分，抑制果实的呼吸强度，达到果实保鲜和果梗保绿，并防止果实脱粒。鲜食葡萄贮藏中的气体成分，不同品种之间虽然有一定的差异，但并不十分明显，大体趋势为：通常鲜食葡萄在气调贮藏过程中，对低氧和高二氧化碳是不敏感的，但过高的二氧化碳和过低的氧也会产生伤害。伤害的初期症状表现为，产生刺鼻的乙醇味，继而出现果皮褐变，果梗及穗梗发生浅褐色的病变。

4. 防腐保鲜

葡萄柔软多汁，贮藏期内很易发生青霉病、灰霉病和褐腐病。在 -1℃ 低温下仍可使病害传染，造成腐烂变质。多年贮藏实践总结的经验是葡萄贮藏必须配合使用防腐措施。

（1）硫黄熏蒸。土窖和通风库入贮前，需每立方米用 10~15 克硫黄，窖内布点燃烧密闭熏蒸杀菌一昼夜，然后通风换气。采用装筐（箱）不封袋，或在窖内堆摆，或吊挂方法贮藏葡萄，入窖后按每立方米 4 克硫黄量熏蒸，前一个月 10 天熏 1 次，以后每月熏 1 次，用量为每立方米 2 克硫黄，开春 3—4 月，再增加到每立方米 4 克。

（2）二氧化硫熏蒸。熏蒸应分次进行，首次可用 0.5% 的二氧化硫熏蒸 20 分钟，必须使二氧化硫迅速而均匀地达到每箱的每个果穗中，以确保防效而不致引起病害。再次熏蒸时，二氧化硫浓度用 0.1% 熏蒸 30 分钟。这种处理大约每隔 7~10 天进行一次。葡萄贮藏期用二氧化硫消毒，除了熏蒸法以外，还有其他多种处理方法，可参考其他的有关资料。

（3）防腐保鲜片。采用衬薄塑料袋装箱，冷库堆垛的可在入库敞口预冷后或在田间按每千克葡萄加 4 片 CT-保鲜片（每小袋 2 片，用大头针在小袋两层膜上扎 2 个透眼）。

5. 包装

包装分为预包装、短期冷藏及运输包装和长期冷藏包装。

预包装包括用软绵纸单穗包裹、用纸袋或用果实套袋单穗包装、用开孔塑料或塑料与纸做成的 T-形袋、圆底袋或方形袋单穗包装。也有以 300~500 克装入塑料盒、塑料盘、纸盘和泡沫塑料盘，再用自粘膜或收缩膜进行裹包。

短期冷藏及运输包装一般装入 5~10 千克。包括不衬塑料膜（袋）箱装和塑料膜（袋）衬里箱装。不衬塑料膜（袋）箱装是把无预包装或经预包装的葡萄单层放入瓦楞纸箱、塑料箱（筐）、泡沫塑料箱或木箱；塑料膜（袋）衬里箱装是用 0.02~0.03 毫米厚有孔或无孔塑料膜（袋）展开，衬放瓦楞纸箱、塑料箱（筐）、泡沫塑料箱或木箱后，再把无预包装或经预包装的葡萄单层放入。两者最后要进行托盘包装，也就是将葡萄包装箱摆放在托盘上，用拉伸（收缩）塑料膜或塑料网缠绕包裹。

长期冷藏包装包括不衬塑料膜（袋）箱装和塑料膜（袋）衬里箱装。不衬塑料膜（袋）箱装是把无预包装的葡萄，单层直接放入瓦楞纸箱、塑料箱（筐）、泡沫塑料箱或木箱；塑料膜（袋）衬里箱装是用 0.02~0.03 毫米厚塑料膜（袋）展开，衬放瓦楞纸箱、塑料箱（筐）、泡沫塑料箱或木箱，再把无预包装的葡萄单层放入。

附　　录

一、葡萄周年管理历

日期	物候期	主要工作
1—2 月	休眠期	制订全年工作计划，各种用具的准备和检查，购置农药、化肥、农膜等，修整葡萄架
3 月	树液流动期	葡萄出土、上架，绑蔓，平整土地，扦插育苗，硬枝嫁接换种，苗木定植，浇催芽水
4 月上、中旬	萌芽、展叶期	抹芽、定梢、疏花序，第一次追肥（氮肥），间作物的种植
4 月下旬至5 月上旬	新梢生长期	继续定梢，绑蔓和新梢，中耕，除草
5 月中旬	开花期	继续绑蔓、疏花、疏卷须，结果新梢摘心，开花期喷硼，绿枝压条，绿枝嫁接，暂停浇水
5 月下旬到6 月上旬	幼果生长期	第二次追肥（氮肥为主，结合施磷、钾肥），中耕除草，副梢处理，生长枝摘心，绿枝扦插育苗，硬枝扦插育苗的生长管理（苗木引缚），继续进行绿枝压条育苗
6 月中、下旬	果实硬核期	继续控制副梢，诱发二次果的摘心处理，生长枝摘心，苗木追肥
7 月	早熟葡萄成熟期	早熟葡萄品种果实的采收。继续控制副梢，第三次追肥（磷、钾肥为主，氮肥适量），中耕除草，苗木引缚
8 月	中熟葡萄成熟期	中熟葡萄品种的采收，副梢的处理，主要是疏除过密枝
9 月	中晚熟、晚熟葡萄成熟期	采收中晚熟、晚熟葡萄品种，果品的贮藏，延长梢和苗木摘心
10 月	枝蔓成熟期	葡萄园秋施基肥，二次果的采收，间作作物的收获

（续表）

日期	物候期	主要工作
11 月	落叶期	埋土防寒栽培区的冬季修剪、清扫果园、下架、埋土防寒，苗木的出圃、分级、贮藏
12 月	休眠期	不埋土防寒栽培区的冬季修剪、清扫果园，积肥造肥，总结全年工作

二、葡萄病虫害综合防控规范化技术

时间	防治措施	防治对象	备注
休眠期 （秋季或春季修剪后）	彻底清扫果园，将枯枝落叶等运出园外集中烧毁或深埋	葡萄白腐病、炭疽病、黑痘病、霜霉病等。	
芽萌动期 （3 月下旬至4 月上旬）	喷施 3~5 波美度的石硫合剂 + 200 倍五氯酚钠，或用 200 倍福美砷粉剂	葡萄炭疽病、黑痘病、白粉病、介壳虫和螨类	结合刮老皮进行药剂防治
开花期 （5 月上、中旬）	喷施石灰半量式的波尔多液（1∶0.5∶200）	葡萄黑痘病	
落花后 （5 月下旬至 6 月上旬）	喷施 1∶1∶200 倍的波尔多液或用 500 倍福美砷，或用 800 倍退菌特	葡萄白腐病、黑痘病、白粉病、炭疽病、叶蝉类、介壳虫和螨类	喷施药剂，可把病害消灭在初发阶段
幼果膨大期 （6 月下旬至 7 月上旬）	喷施 500~800 倍退菌特加 1 500 倍乐果加 200 倍展着剂，或用 500 倍百菌清或福美砷，或用 800~1 000 倍多菌灵	葡萄白腐病、黑痘病、白粉病、炭疽病、叶蝉类、介壳虫和螨类	如果前期雨水较多，注意葡萄霜霉病的防治
果实着色期 （7 月中、下旬）	喷施 500~800 倍退菌特加 1 500 倍乐果加 200 倍展着剂，或用 500 倍百菌清或福美砷，或用 800~1 000 倍多菌灵	葡萄白腐病、黑痘病、白粉病、炭疽病、叶蝉类、介壳虫和螨类	重点防治果实病害

(续表)

时间	防治措施	防治对象	备注
果实采收期 (8月至9月上、中旬)	喷施1：1：200倍的波尔多液，常用的杀菌剂，如多菌灵、百菌清、福美砷、退菌特等	果实病害	
采收后 (9月下旬至10月)	剪除挂在树上或掉在地上的病果，清除病叶、杂草	各种越冬病虫	

三、波尔多液的配制

波尔多液是用硫酸铜和石灰、水配制的一种预防性的保护剂。使用主要在病害发生前，它对预防葡萄黑痘病、霜霉病、白粉病、褐斑病等都有良好的效果，但对预防葡萄白腐病效果较差。

(一) 配制方法

先把硫酸铜和消石灰分别溶解于少量的水中，然后，用1/10的水溶解消石灰，9/10的水溶解硫酸铜，充分将两种物质溶解，过滤后，分别盛于两个容器中。然后把硫酸铜溶液慢慢地倒入石灰乳液中；或将硫酸铜和消石灰分别用等量的水溶解，再将两种溶液同时慢慢地倒入另一个容器中，边倒入边搅拌，配制成天蓝色的溶液，即是波尔多液。在生产上应用的波尔多液可以分为等量式和半量式两种，主要区别是消石灰的用量不同。在葡萄生长季节，前期一般用石灰半量式波尔多液，即硫酸铜：消石灰：水 = 1：0.5：200~240；后期一般采用等量式波尔多液，即硫酸铜：消石灰：水 = 1：1：200。另外，在使用时，可以加入少量的皮胶（一般100千克中加入0.1千克），提高波尔多液的展着性，从而提高药液的施用效果。

配制波尔多液时，硫酸铜和生石灰的质量以及两种药液的混合方法和过程，都会影响到波尔多液的质量。配制良好的波尔多液，颗粒细小而均匀，沉淀慢，清水层少。

（二）注意事项

（1）配制波尔多液选用的材料。消石灰要求洁白、纯净；硫酸铜选用蓝色、有光泽、结晶好的优质品。

（2）配制波尔多液时，不宜用金属容器，尤其不能用铁器。

（3）波尔多液要现配现用，不能贮存。

（4）波尔多液不能和其他药剂混用，生产上应单独使用。

四、石硫合剂配制

石硫合剂是一种杀虫、杀菌剂，对防治葡萄毛毡病、白粉病、黑痘病、红蜘蛛、蚧壳虫等具有良好的效果。因此，生产上常常用之作为保护性和铲除性的农药。石硫合剂的熬制和稀释过程如下。

（一）石硫合剂的熬制方法

石硫合剂是用生石灰、硫黄加水熬煮而成，其配制比例一般为1：2：10，即生石灰1份，硫黄2份，水10份。具体熬制过程为：先把水放入锅中，加热到将要沸腾时，加入生石灰，等石灰水沸腾后，将碾碎过筛的细硫黄粉用开水调成糊状，慢慢地加入锅中，边加热边搅拌，并用大火熬煮40～60分钟，药液由黄色变成红色，再变成红褐色即可。熬煮的时间一般在40～60分钟，若熬煮时间过长，药液变成绿褐色，则药效降低；如果熬煮时间不够，原料成分没有充分溶解到药剂中，其主要成分多硫化钙含量少，药效同样不好。

熬煮好的石硫合剂，从锅中取出，放入缸中冷却，并用波美比重计测量原液的度数，称为波美度（用°Bé表示），一般熬制好的石硫合剂的度数可以达到25～30波美度。石硫合剂在缸中经过2～3天的澄清，取出上清液，装入缸中或罐中密封备用。应用时稀释。

（二）石硫合剂的稀释方法

石硫合剂的稀释方法有两种。

1 重量法

按以下公式计算：

$$原液需要量（千克）= \frac{所需稀释浓度}{原液浓度} \times 所需稀释的药液量$$

例：需要配置 0.5 波美度 100 千克，需要 20 波美度原液和加水量，那么，计算如下：

$$原液需要量（千克）= \frac{0.5}{20} \times 100 = 2.5（千克）$$

需要加水量为：100 千克−2.5 千克 = 97.5 千克。

2. 稀释倍数法

按以下公式计算：

$$稀释倍数 = \frac{原液浓度}{需要浓度} - 1$$

例：用 20 波美度的石硫合剂原液配制 0.5 波美度的药液，稀释倍数为：

$$稀释倍数 = \frac{20}{0.5} - 1 = 39$$

即取 1 份（重量）的石硫合剂原液，加上 39 倍的水，就成为 0.5 波美度的石硫合剂液。

（三）注意事项

（1）熬制石硫合剂时必须使用新鲜、洁白、杂质含量少而没有风化的生石灰（如果用消石灰，则需要增加 1/3 的用量）；硫黄选用金黄色、经过碾碎过筛的粉末；水要选用纯净的水，不要使用硬度很大的水，否则降低石硫合剂的药效。

（2）熬制过程中，火力要大而均匀，始终保持锅内的水处于沸腾状态，并不断搅拌，这样才能熬制出质量高的石硫合剂原液。

（3）熬制时，要用铁器，不要用铜器熬制或贮存。另外，在原液贮存过程中要密封，避免与空气接触，以防氧化，有条件可以在石硫合剂原液上倒入少量煤油。如果密封的效果好，原液可以贮存半年左右。

（4）石硫合剂具有很强的腐蚀性，在施用石硫合剂时，尽量避免与皮肤和衣服接触，如果不慎接触了，则用大量的清水冲洗干净。

（5）石硫合剂具有很强的碱性，施用时，不要与酸性的农药和遇到碱性容易分解的农药混合，以防止药效的降低。石硫合剂一般应单独施用。

（6）使用石硫合剂的容器，在使用后，要冲洗干净，防止腐蚀。

（7）温度过高（32℃）和温度过低（4℃以下），都会降低石硫合剂的药效。在休眠期一般使用浓度为 3~5 波美度，生长季节一般使用浓度为 0.3~0.5 波美度。